"十四五"高等职业教育新形态一体化教材

人工智能技术应用

机器学习技术与应用

杜 辉 葛 鹏 赵瑞丰 ◎ 主 编
王亚楠 王 磊 刘明浩 ◎ 副主编

中国铁道出版社有限公司
CHINA RAILWAY PUBLISHING HOUSE CO., LTD.

内 容 简 介

本书为"十四五"高等职业教育新形态一体化教材之一,通过贴近生活的"挑橘子"一例引出机器学习的概念,并展开介绍了机器学习的完整流程、算法分类以及常用工具等。本书以项目—任务的组织方式,以通俗的情境作为项目导入,制定明确的项目目标,以算法的基本原理为知识导入,然后开始项目实施环节,以多个实训任务分别练习算法在解决回归、分类或聚类问题时的一般流程,最后以习题的形式巩固所学知识和技能。

本书的实训项目主要包含机器学习中基础的算法应用,即线性回归算法、k-近邻算法、逻辑回归算法、决策树算法、聚类算法、朴素贝叶斯算法。通读本书,你会了解机器学习解决的是什么问题,目前它应用在我们生活中的哪些场景;跟着本书动手实践,你会清楚数据怎么来、怎么加工,以及模型是什么,怎么训练与调用;另外,面对一个实际问题,你能够有依据地选择合适的算法。

本书适合作为高等职业院校人工智能技术应用专业的教材,也适用于有编程基础的学生以及对机器学习感兴趣且亟需入门的社会工作者。

图书在版编目(CIP)数据

机器学习技术与应用/杜辉,葛鹏,赵瑞丰主编. —北京:中国铁道出版社有限公司,2023.12
"十四五"高等职业教育新形态一体化教材
ISBN 978-7-113-30150-7

Ⅰ.①机… Ⅱ.①杜…②葛…③赵… Ⅲ.①机器学习-高等职业教育-教材 Ⅳ.①TP181

中国国家版本馆 CIP 数据核字(2023)第 062195 号

书　　名:机器学习技术与应用
作　　者:杜　辉　葛　鹏　赵瑞丰

策　　划:徐海英　　　　　　　　　　编辑部电话:(010)63551006
责任编辑:王春霞　包　宁
封面设计:尚明龙
责任校对:安海燕
责任印制:樊启鹏

出版发行:中国铁道出版社有限公司(100054,北京市西城区右安门西街8号)
网　　址:http://www.tdpress.com/51eds/
印　　刷:天津嘉恒印务有限公司
版　　次:2023年12月第1版　2023年12月第1次印刷
开　　本:850 mm×1 168 mm　1/16　印张:14.25　字数:337 千
书　　号:ISBN 978-7-113-30150-7
定　　价:46.00 元

版权所有　侵权必究

凡购买铁道版图书,如有印制质量问题,请与本社教材图书营销部联系调换。电话:(010)63550836
打击盗版举报电话:(010)63549461

"十四五"高等职业教育新形态一体化教材
编审委员会

总顾问：谭浩强（清华大学）　　　　　　　黄心渊（中国传媒大学）

主　任：高　林（北京联合大学）

副主任：鲍　洁（北京联合大学）　　　　　眭碧霞（常州信息职业技术学院）
　　　　孙仲山（宁波职业技术学院）　　　秦绪好（中国铁道出版社有限公司）

委　员：（按姓氏笔画排序）

于　京（北京电子科技职业学院）　　　于　鹏（新华三技术有限公司）
于大为（苏州信息职业技术学院）　　　万　冬（北京信息职业技术学院）
万　斌（珠海金山办公软件有限公司）　王　芳（浙江机电职业技术学院）
王　坤（陕西工业职业技术学院）　　　王　忠（海南经贸职业技术学院）
方风波（荆州职业技术学院）　　　　　方水平（北京工业职业技术学院）
左晓英（黑龙江交通职业技术学院）　　龙　翔（湖北生物科技职业学院）
史宝会（北京信息职业技术学院）　　　乐　璐（南京城市职业学院）
吕坤颐（重庆城市管理职业学院）　　　朱伟华（吉林电子信息职业技术学院）
朱震忠（西门子(中国)有限公司）　　　邬厚民（广州科技贸易职业学院）
刘　松（天津电子信息职业技术学院）　汤　徽（新华三技术有限公司）
阮进军（安徽商贸职业技术学院）　　　孙　刚（南京信息职业技术学院）
孙　霞（嘉兴职业技术学院）　　　　　芦　星（北京久其软件有限公司）
杜　辉（北京电子科技职业学院）　　　李军旺（岳阳职业技术学院）
杨文虎（山东职业学院）　　　　　　　杨龙平（柳州铁道职业技术学院）

杨国华（无锡商业职业技术学院）　　　　吴　俊（义乌工商职业技术学院）

吴和群（呼和浩特职业学院）　　　　　　汪晓璐（江苏经贸职业技术学院）

张　伟（浙江求是科教设备有限公司）　　张明白（百科荣创(北京)科技发展有限公司）

陈小中（常州工程职业技术学院）　　　　陈子珍（宁波职业技术学院）

陈云志（杭州职业技术学院）　　　　　　陈晓男（无锡科技职业学院）

陈祥章（徐州工业职业技术学院）　　　　邵　瑛（上海电子信息职业技术学院）

武春岭（重庆电子工程职业学院）　　　　苗春雨（杭州安恒信息技术股份有限公司）

罗保山（武汉软件职业技术学院）　　　　周连兵（东营职业学院）

郑剑海（北京杰创科技有限公司）　　　　胡大威（武汉职业技术学院）

胡光永（南京工业职业技术大学）　　　　姜大庆（南通科技职业学院）

聂　哲（深圳职业技术学院）　　　　　　贾树生（天津商务职业学院）

倪　勇（浙江机电职业技术学院）　　　　徐守政（杭州朗迅科技有限公司）

盛鸿宇（北京联合大学）　　　　　　　　崔英敏（私立华联学院）

葛　鹏（随机数(浙江)智能科技有限公司）　焦　战（辽宁轻工职业学院）

曾文权（广东科学技术职业学院）　　　　温常青（江西环境工程职业学院）

赫　亮（北京金芥子国际教育咨询有限公司）　蔡　铁（深圳信息职业技术学院）

谭方勇（苏州职业大学）　　　　　　　　翟玉锋（烟台职业技术学院）

樊　睿（杭州安恒信息技术股份有限公司）

秘　书：翟玉锋（中国铁道出版社有限公司）

序

2021年十三届全国人大四次会议表决通过的《中华人民共和国国民经济和社会发展第十四个五年规划和2035年远景目标纲要》，对我国社会主义现代化建设进行了全面部署。"十四五"时期对国家的要求是高质量发展，对教育的定位是建立高质量的教育体系，对职业教育的定位是增强职业教育的适应性。当前，在百年未有之大变局下，在"十四五"开局之年，如何切实推动落实《国家职业教育改革实施方案》《职业教育提质培优行动计划（2020—2023年）》等文件要求，是新时代职业教育适应国家高质量发展的核心任务。新科技和新工业化发展阶段的到来和我国产业高端化转型，必然引发企业用人需求和聘用标准发生新的变化，以人才需求为起点的高职人才培养理念使创新中国特色人才培养模式成为高职战线的核心任务，为此国务院和教育部制订和发布的包括1+X职业技能等级证书制度、专业群建设、"双高计划"、专业教学标准、信息技术课程标准、实训基地建设标准等一系列具体的指导性文件，为探索新时代中国特色高职人才培养指明了方向。

要落实国家职业教育改革一系列文件精神，培养高质量人才，就必须解决"教什么"的问题，必须解决课程教学内容适应产业新业态、行业新工艺、新标准要求等难题，教材建设改革创新就显得尤为重要。国家这几年对于职业教育教材建设下了很大的力度，2019年，教育部发布了《职业院校教材管理办法》（教材〔2019〕3号）、《关于组织开展"十三五"职业教育国家规划教材建设工作的通知》（教职成司函〔2019〕94号），在2020年又启动了《首届全国教材建设奖全国优秀教材（职业教育与继续教育类）》评选活动，这些都旨在选出具有职业教育特色的优秀教材,并对下一步如何建设好教材进一步明确了方向。在这种背景下,坚持以习近平新时代中国特色社会主义思想为指导,落实立德树人根本任务,适应新技术、新产业、新业态、新模式对人才培养的新要求,中国铁道出版社有限公司邀请我与鲍洁教授共同策划组织了"'十四五'高等职业教育新形态一体化教材",尤其是我国知名计算机教育专家谭浩强教授、全国高等院校计算机基础教育研究会会长黄心渊教授对课程建设和教材编写都提出了重要的指导意见。这套教材在设计上把握了这样几个原则:

1. 价值引领,育人为本。牢牢把握教材建设的政治方向和价值导向,充分体现党和国家的意志,体现鲜明的专业领域指向性,发挥教材的铸魂育人、关键支撑、固本培元、文化交流等功能和作用,培养适应创新型国家、制造强国、网络强国、数字中国、智慧社会的不可或缺的高层次、高素质技术技能型人才。

2. 内容先进,突出特性。充分发挥高等职业教育服务行业产业优势,及时将行业、产业的新技术、新工艺、新规范作为内容模块,融入了教材中。并且为强化学生职业素养养成和专业技术积累,将专业精神、职业精神和工匠精神融入教材内容,满足职业教育的需求。此外,为适应项目学习、案例学习、模块化学习等不同学习方式要求,注重以真实生产项目、典型工作任务、案例等为载体组织教学单元的教材、新型活页式、工作手册式等教材,反映人才培养模式和教学改革方向,有效激发学生学习兴趣和创新潜能。

3. 改革创新,融合发展。遵循教育规律和人才成长规律,结合新一代信息技术发展和产业变革对人才的需求,加强校企合作、深化产教融合,深入推进教材建设改革。加强教材与教学、教材与课程、教材与教法、线上与线下的紧密结合,信息技术与教育教学的深度融合,通过配套数字化教学资源,满足教学需求和符合学生特点的新形态一体化教材。

4. 加强协同,锤炼精品。准确把握新时代方位,深刻认识新形势新任务,激发教师、企业人员内在动力。组建学术造诣高、教学经验丰富、熟悉教材工作的专家队伍,支持科教协同、校企协同、校际协同开展教材编写,全面提升教材建设的科学化水平,打造一批满足学科专业建设要求,能支撑人才成长需要、经得

起实践检验的精品教材。

按照教育部关于职业院校教材的相关要求，充分体现工业和信息化领域相关行业特色，以高职专业和课程改革为基础，编写信息技术课程、专业群平台课程、专业核心课程等所需教材。本套教材计划出版 4 个系列，具体为：

1. 信息技术课程系列。教育部发布的《高等职业教育专科信息技术课程标准（2021 年版）》给出了高职计算机公共课程新标准，新标准由必修的基础模块和由 12 项内容组成的拓展模块两部分构成。拓展模块反映了新一代信息技术对高职学生的新要求，各地区、各学校可根据国家有关规定，结合地方资源、学校特色、专业需要和学生实际情况，自主确定拓展模块教学内容。在这种新标准、新模式、新要求下构建了该系列教材。

2. 电子信息大类专业群课程系列。高等职业教育大力推进专业群建设，基于产业需求的专业结构，使人才培养更适应现代产业的发展和职业岗位的变化。构建具有引领作用的专业群平台课程和开发相关教材，彰显专业群的特色优势地位，提升电子信息大类专业群平台课程在高职教育中的影响力。

3. 新一代信息技术类典型专业课程系列。以人工智能、大数据、云计算、移动通信、物联网、区块链等为代表的新一代信息技术，是信息技术的纵向升级，也是信息技术之间及其与相关产业的横向融合。在此技术背景下，围绕新一代信息技术专业群（专业）建设需要，重点聚焦这些专业群（专业）缺乏教材或者没有高水平教材的专业核心课程，完善专业教材体系，支撑新专业加快发展建设。

4. 本科专业课程系列。在厘清应用型本科、高职本科、高职专科关系，明确高职本科服务目标，准确定位高职本科基础上，研究高职本科电子信息类典型专业专业人才培养方案和课程体系，重在培养高层次技术技能型人才，组织编写该系列教材。

新时代，职业教育正在步入创新发展的关键期，与之配合的教育模式以及相关的诸多建设都在深入探索，按照"选优、选精、选特、选新"的原则，发挥在高等职业教育领域的院校、企业的特色和优势，调动高水平教师、企业专家参与，整合学校、行业、产业、教育教学资源，充分发挥教材建设在提高人才培养质量中的基础性作用，集中力量打造与我国高等职业教育高质量发展需求相匹配、内容形式创新、教学效果好的课程教材体系，努力培养德智体美劳全面发展的高层次、高素质技术技能人才。

本套教材内容前瞻，体系灵活，资源丰富，是值得关注的一套好教材。

国家职业教育指导咨询委员会委员
北京高等学校高等教育学会计算机分会理事长
全国高等院校计算机基础教育研究会荣誉副会长

2021 年 8 月

前言

机器学习领域的著名学者汤姆·米切尔（Tom Mitchell）将机器学习定义为：对于计算机程序有经验 E、学习任务 T 和性能度量 P，如果计算机程序针对任务 T 的性能 P 随着经验 E 不断增长，就称这个计算机程序从经验 E 学习。这一概念对于大多数人而言确实过于抽象简洁。如果其定义为"用计算机通过算法来学习数据中包含的内在规律和信息，从而获得新的经验和知识，以提高计算机的智能性，使计算机面对问题时能够做出与人类相似的决策"，则更加符合大家对机器学习的认知。

近年来，随着机器学习向各行各业的渗透，机器学习算法在普罗大众中也得到了一定的认可。从事相关领域工作的人员提到机器学习，想必都会了解甚至十分熟悉监督学习、无监督学习和强化学习这三个分类，对于朴素贝叶斯算法、k-均值算法、回归算法都耳熟能详。然而如何利用机器学习解决自身领域的问题却又有些不知如何下手。面对如依据天气、时间等因素推荐一种合适的通勤工具，或者预测自身体重的变化，抑或分析员工离职情况这类数据结构相对简单、数据来源相对单一的问题时，很多人很难将机器学习的理论和技术应用其中，更不要提构建符合行业要求的机器学习算法。

当想进一步深入了解时，发现需要面对"汗牛充栋"的理论、公式和编程技术，令人望而却步。如果你也面临类似的问题，那么本书适合你；本书也适合机器学习零基础的读者学习。

本书编者在机器学习高等教育领域辛勤耕耘十余年，此次将自身丰富的教学经验以及较深厚的理论知识进行融合，并配以生动且贴近生活的应用实例，将机器学习算法的知识体系、应用场景、实施方式与步骤进行了细致的说明。

本书的绪论向读者介绍了机器学习的概念、机器学习的应用与分类等基础知识，同时对本书代码实现的核心开源库 sklearn 进行了说明。此后各项目分别对应了线性回归算法、k-近邻算法、逻辑回归算法、决策树、聚类算法以及朴素贝叶斯算法，在每种算法介绍前通过知识导入，对背景知识、学习前需要掌握的技术能力进行详细说明，以方便读者学习；在正文中通过生动形象的实例深入浅出地讲解不同项目的目标、主要知识点以及编程实现步骤；最后通过习题的形式巩固本项目学习成果。

本书注意贯彻落实立德树人根本任务，坚定文化自信，践行二十大报告精神，充分体现党的二十大报告提出的"实施科教兴国战略，强化现代人才建设支撑"的精神，落实"加强教材建设和管理"新要求。

本书由杜辉、葛鹏、赵瑞丰任主编，王亚楠、王磊、刘明浩任副主编，丁雷、金光浩、汪胜平参与编写。在此，感谢所有在本书的内容制作、代码验证及编排校对工作中付出辛苦劳动和支持的同志。本书配套的相关资源可通过"派 Lab"人工智能教学实训平台（平台网址：lab.314ai.com）查看和动手实践，还可与本书编者联系（E-mail：1318475816@qq.com）。

机器学习技术是一门前景广阔的新兴技术，本书力图从实用性角度为高职同学打开一条通往未来世界的通道。

由于编者水平有限，书中难免有不足之处，欢迎广大读者予以指正。

编 者

2023 年 6 月

目 录

绪论　机器学习概要 ………………………………………………………………… 1

0.1　引例——从挑橘子说起 ……………………………………………………… 1
0.2　机器学习应用 …………………………………………………………………… 2
0.3　机器学习与人工智能的关系 …………………………………………………… 4
0.4　机器学习算法的分类 …………………………………………………………… 4
0.5　sklearn 库 ………………………………………………………………………… 5
0.6　数据集 …………………………………………………………………………… 6
　　0.6.1　数据集划分 ……………………………………………………………… 7
　　0.6.2　开源数据集 ……………………………………………………………… 8
　　0.6.3　sklearn 库中数据划分方法 ……………………………………………… 8
0.7　总结 ……………………………………………………………………………… 11

项目1　运用线性回归算法实现趋势预测 ………………………………………… 12

1.1　项目导入 ………………………………………………………………………… 12
1.2　项目目标 ………………………………………………………………………… 12
1.3　知识导入 ………………………………………………………………………… 13
　　1.3.1　线性回归概念 …………………………………………………………… 13
　　1.3.2　线性回归模型 …………………………………………………………… 14
　　1.3.3　求解线性回归 …………………………………………………………… 15
　　1.3.4　过拟合与欠拟合 ………………………………………………………… 17
1.4　项目实施 ………………………………………………………………………… 19
　　任务1-1　动手训练线性回归模型 …………………………………………… 19

I

任务1-2　线性回归预测鲍鱼年龄 ……………………………………… 23
　　任务1-3　线性回归预测牛肉价格 ……………………………………… 28
　　任务1-4　线性回归预测收益 …………………………………………… 30
　　任务1-5　线性回归预测乐高价格 ……………………………………… 35

项目2　运用 k-近邻算法实现分类预测 …………………………………… 42

2.1　项目导入 ………………………………………………………………… 42
2.2　项目目标 ………………………………………………………………… 42
2.3　知识导入 ………………………………………………………………… 42
　2.3.1　k-近邻概念 ……………………………………………………… 42
　2.3.2　k-近邻分类算法 ………………………………………………… 43
　2.3.3　交叉验证 ………………………………………………………… 45
　2.3.4　k-近邻回归 ……………………………………………………… 45
2.4　项目实施 ………………………………………………………………… 46
　任务2-1　k-近邻识别数字验证码 ……………………………………… 46
　任务2-2　k-近邻算法预测出行方式 …………………………………… 49
　任务2-3　k-近邻预测草莓甜不甜 ……………………………………… 56
　任务2-4　k-近邻测你有多重 …………………………………………… 60

项目3　运用逻辑回归算法实现概率预测 …………………………………… 65

3.1　项目导入 ………………………………………………………………… 65
3.2　项目目标 ………………………………………………………………… 65
3.3　知识导入 ………………………………………………………………… 65
　3.3.1　逻辑回归概念 …………………………………………………… 65
　3.3.2　二分类问题 ……………………………………………………… 66
　3.3.3　求解逻辑回归 …………………………………………………… 67
　3.3.4　分类损失 ………………………………………………………… 68
3.4　项目实施 ………………………………………………………………… 70
　任务3-1　逻辑回归针对智能家居的数据预测 ………………………… 70
　任务3-2　逻辑回归预测升学概率 ……………………………………… 76
　任务3-3　逻辑回归预测红酒质量 ……………………………………… 83

任务 3-4　随机梯度下降 ……………………………………………………………… 89

任务 3-5　逻辑回归预测用户是否按期还款 …………………………………………… 96

项目 4　运用决策树算法进行决策分析 …………………………………………… 102

4.1　项目导入 …………………………………………………………………………… 102

4.2　项目目标 …………………………………………………………………………… 102

4.3　知识导入 …………………………………………………………………………… 103

4.3.1　决策树概念 …………………………………………………………………… 103

4.3.2　相关重要概念 ………………………………………………………………… 103

4.3.3　决策树算法 …………………………………………………………………… 105

4.3.4　决策树剪枝 …………………………………………………………………… 106

4.4　项目实施 …………………………………………………………………………… 107

任务 4-1　决策树预测隐形眼镜类型 …………………………………………………… 107

任务 4-2　决策树分析员工离职情况 …………………………………………………… 111

任务 4-3　决策树带你做导购 …………………………………………………………… 117

任务 4-4　决策树预测泰坦尼克号生还概率 …………………………………………… 122

任务 4-5　决策树与随机森林效果对比 ………………………………………………… 127

项目 5　运用聚类算法进行聚类分析 ……………………………………………… 137

5.1　项目导入 …………………………………………………………………………… 137

5.2　项目目标 …………………………………………………………………………… 137

5.3　知识导入 …………………………………………………………………………… 137

5.3.1　聚类概念 ……………………………………………………………………… 137

5.3.2　聚类相关应用 ………………………………………………………………… 138

5.3.3　k-means 聚类 ………………………………………………………………… 138

5.3.4　DBSCAN 算法 ………………………………………………………………… 140

5.4　项目实施 …………………………………………………………………………… 142

任务 5-1　小样本实现 k-means 聚类 …………………………………………………… 142

任务 5-2　通过 k-means 聚类实现分类 ………………………………………………… 148

任务 5-3　二分 k-means 应用 …………………………………………………………… 153

任务 5-4　对三星手机数据降维并聚类 ………………………………………………… 162

任务 5-5　实例对比 k-means 和 DBSCAN ····································· 170

项目 6　运用朴素贝叶斯算法实现文本分类 ··· 175

6.1　项目导入 ··· 175
6.2　项目目标 ··· 175
6.3　知识导入 ··· 175
6.3.1　贝叶斯公式 ··· 175
6.3.2　朴素贝叶斯 ··· 176
6.3.3　朴素贝叶斯应用场景 ··· 177
6.4　项目实施 ··· 177
任务 6-1　云盘图片自动分类 ··· 177
任务 6-2　豆瓣影评情感分类 ··· 184
任务 6-3　新闻分类 ·· 188

附录 A ··· 194

A.1　特征工程 ··· 194
A.2　特征预处理 ·· 195
A.2.1　无量纲化 ··· 196
A.2.2　特征离散化 ··· 200
A.2.3　分类特征编码 ·· 201
A.3　特征选择 ··· 202
A.3.1　过滤式选择(Relief) ··· 203
A.3.2　包裹式选择(Wrapper) ··· 205
A.3.3　嵌入式选择(Embedded) ·· 205
A.4　特征降维 ··· 207
A.4.1　PCA ·· 207
A.4.2　LDA ·· 211

参考文献 ··· 214

绪论 机器学习概要

(1) 了解什么是机器学习
(2) 了解机器学习主要的应用场景
(3) 了解机器学习过程

0.1 引例——从挑橘子说起

如图 0-1 所示,老奶奶在街上卖橘子,问题来了:橘子甜不甜?哪些橘子甜?你该挑哪种橘子买?

经验告诉我们,橘子的颜色、橘子皮的厚度以及橘子硬度等因素都会影响橘子的甜度。假设我们编写程序自动判断橘子甜不甜,可能遇到以下难点:

难点1:如何区分三个因素的重要程度;

难点2:输入参数如厚度值、硬度值无法完全枚举;

难点3:除了以上三个因素,甜度可能还与品种、气候、雨水等因素有关,编码很复杂。因此可以让机器来学习挑橘子。

视频

走进机器学习

如图 0-2 所示,让机器学习挑甜橘子,需要以下几步。

图 0-1 卖橘图

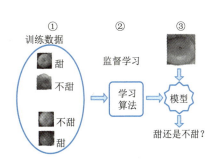

图 0-2 机器学习判断橘子甜不甜的流程图

1

(1)标数据。随机选择一些橘子作为样本,记录这些橘子的大小、颜色、皮的厚度、硬度等因素作为橘子特征;然后亲自尝一尝并记录这些橘子甜或不甜,即标签。

(2)训练模型。使用标注好的数据的特征和标签去训练一个机器学习算法,最后该模型会拟合出橘子的相关特征与橘子甜度的关系。

(3)橘子测试。把任一橘子的以上特征值输入模型,就能知道橘子甜不甜了。

机器学习是计算机通过一定的算法去分析数据中存在的规律,不断提升对新数据预测性能的过程。换一种说法机器学习是研究计算机如何模拟或实现人类的学习行为。

0.2 机器学习应用

初步了解了什么是机器学习之后,下面来看一下机器学习目前有哪些成熟的应用。

(1)电子商务中的智能推荐,如图 0-3 所示。

图 0-3 智能推荐

(2)网络平台的内容审查,如图 0-4 所示。

图 0-4 内容审查

(3)专家系统,如图 0-5 所示。

绪论　机器学习概要

图 0-5　医疗领域专家系统

（4）智能机器人，如图 0-6 所示。

图 0-6　智能机器人

如图 0-7 所示，列举了机器学习的其他应用，如垃圾邮件检测、自动驾驶、语音识别、人脸识别、票房预测等。

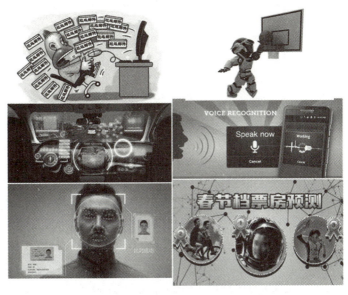

图 0-7　机器学习的其他应用

3

0.3 机器学习与人工智能的关系

从人工智能的发展历程来看,一共经历了三个阶段,第一阶段是早期的人工智能,早期的人工智能与电子电路的关系比较大,是一种符号主义的人工智能;经过一段时间的发展,人工智能迎来了第一次浪潮,也就是涌现了很多的机器学习算法,机器学习算法是实现了人工智能的一个方法,这是第二阶段;再经过一段时间的发展,得益于海量的数据和强大的计算能力的提升,人工智能迎来了第二个浪潮——深度学习时代,这是第三阶段。它们三者的关系如图 0-8 所示,机器学习是人工智能的一个子集,深度学习是机器学习的一个子集。

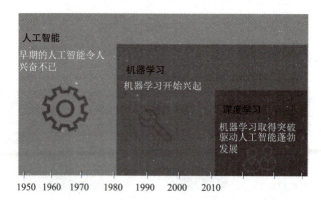

图 0-8　机器学习与人工智能、深度学习的关系

0.4 机器学习算法的分类

(1)按照学习方式可把机器学习分为监督式学习、非监督学习、半监督学习和强化学习,见表 0-1。

表 0-1　机器学习算法的分类

视频
机器学习分类

类　别	描　述
监督式学习	又称有监督学习。通过有标记的训练样本去学习得到一个最优模型,再对未知数据进行预测和分类。有标记的训练数据是指每个样本都包括输入(样本属性)和输出(标签)
非监督学习	又称无监督学习。从未标记的训练样本学习,归纳训练样本存在的潜在规律从而得出结论
半监督学习	半监督学习就是有监督和无监督学习相结合,训练数据包含有标记样本和无标记样本
强化学习	从以往经验中去不断学习来获取知识,不需要大量已标记的确定标签,只需要一个评价行为好坏的奖惩机制进行反馈,强化学习通过这样的反馈自己进行"学习"

(2)按照学习任务可把机器学习可分为分类算法、回归算法、聚类算法,见表0-2。

表0-2 机器学习算法的分类

学习任务	描述	特点
分类算法	通过有标记样本训练出一个分类函数或分类模型(又称分类器),该模型能把训练样本以外的新样本映射到给定类别中的某一个类中	预测一个离散型标签,属于监督学习
回归算法	通过拟合有标记的样本(通常是数值型连续随机变量)的分布得到一条直线或者超平面,从而对新样本进行预测	预测一个连续型数值,属于监督学习
聚类算法	预先不知道样本集所有样本的类别,通过一定方法使得相似的样本划分为一个簇,不同簇的样本尽可能不相似	属于无监督学习

0.5 sklearn 库

sklearn 是针对 Python 编程语言的免费机器学习库,广泛应用于实际生产工作中,使用 sklearn 进行机器学习,能有效地降低学习门槛,初学者能够在不需要深入了解算法背后的数学知识的情况下对数据进行建模。

2007 年,数据科学家大卫·库尔纳佩(David Cournapeau)等发起了机器学习的开源项目 scikit-learn,工具包为 sklearn,至今已 10 多年。到目前为止,它已成为一款非常成熟的知名机器学习框架。现在有很多互联网公司都使用 sklearn 库构建推荐引擎、检测欺诈活动和管理客户服务团队。

sklearn 是一款开源的基于 Python 语言的机器学习库,它基于 NumPy 和 SciPy,提供了大量用于数据挖掘和分析的工具,以及支持多种算法的一系列接口。和其他开源项目类似,sklearn 也是由社区成员自发组织和维护的。与其他开源项目不同的是,sklearn 更显"保守"。但这里的"保守"并非贬义,而是意味着"可靠"。

作为一款机器学习框架,sklearn 提供了很多好用的 API(Application Programming Interface,应用程序接口)。它对常用的机器学习方法进行了封装,在进行机器学习任务时,并不需要每个人都实现所有算法,只需要简单地调用 sklearn 中的模块就可以实现大多数机器学习任务。一般来说,处理机器学习问题的步骤如下所示:

数据处理→分割数据→训练模型→验证模型→测试模型→使用模型→调优模型

在实训环境中,已经安装好了 sklearn 包,想要用 sklearn 中的某些方法,首先要导入 sklearn 库。

```
import sklearn as sk
#导入 sklearn 包,并将其命名为 sk
sk
#查看 sklearn 包是否导入成功
```

如果出现以下结果,则表示导入成功!

```
<module'sklearn' from '/usr/local/lib/python3.8/site-packages/sklearn/__init__.py'>
```

机器学习中有很多方法,如回归算法、分类算法、聚类算法,还包括一些数据处理方法,在用到这些算法时,直接从 sklearn 中导入即可;以导入线性回归为例,导入线性回归模型的方法有两种:一是一步到位;二是分步导入。

导入线性回归模型示例代码 1

```
from sklearn.linear_model import LinearRegression
#从 sklearn 包的 linear_model 模块中导入 LinearRegression
LinearRegression
#查看线性回归算法是否导入成功
```

运行结果如下所示。

```
sklearn.linear_model._base.LinearRegression
```

导入线性回归模型示例代码 2

```
from sklearn import linear_model
#从 sklearn 包导入 linear_model 模块中
linear_model.LinearRegression
#再调用 linear_model 模块中的 LinearRegression 方法,查看线性回归算法是否导入成功
```

运行结果如下所示。

```
sklearn.linear_model._base.LinearRegression
```

0.6 数据集

机器学习是建立在数据基础上的,数据也是机器学习的第一步,那么我们收集到相关数据之后,不能直接全部用来做训练,需要进行一定比例的划分。如图 0-9 所示,需要将数据集划分为三种不同的集合,其各有不同的作用。

图 0-9 数据集划分示意图

0.6.1 数据集划分

数据集划分是将一个数据划分为训练集、验证集、测试集的过程。一般来说,将整个数据集的 75% 作为训练集,25% 的数据作为验证集,新的未见的数据作为测试集。下面以机器学习经典数据集鸢尾花的前 8 行数据为例,选择其中 6 行作为训练集,最后两行作为验证集,测试集为 2 个新的,划分结果如图 0-10 所示。

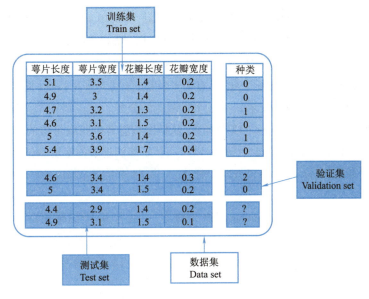

图 0-10 鸢尾花数据集拆分

1. 训练集

训练集用来拟合算法,通过设置算法的参数,训练模型。后续结合验证集时,会选出同一参数的不同取值,拟合出多个模型。

2. 验证集

用于调整模型的超参数和初步评估模型的能力,根据几组模型在验证集上的表现决定哪组超参数拥有最好的性能。另外,验证集在训练过程中还可以用来监控模型是否发生过拟合,一般来说验证集效果出现不升反降的情况,就可能发生了过拟合。所以验证集也用来判断何时停止训练。

3. 测试集

通过训练集和验证集得出最优模型后,使用测试集进行模型预测。用来衡量该最优模型的性能和分类能力。测试集是在训练过程中从来都没出现过的数据,当已经确定模型参数后,使用测试集进行模型性能评价。

测试集用来评估最终模型的泛化能力,是模型在实际使用中遇到的数据。关于训练集、验证集、测试集,有以下比喻:

- 训练集-课本,学生根据课本中的内容来掌握知识。
- 验证集-作业,通过作业可以知道不同学生学习情况、进步的速度快慢。
- 测试集-考试,考试题是平常都没有见过,考查学生举一反三的能力。

传统上,一般三者划分的比例是 6:2:2,在数据量很有限的情况下,验证集也不是必需的。

0.6.2 开源数据集

在 sklearn 中,有加载小型数据集的 API:load_*;load_* 可用来加载小的标准数据集,如鸢尾花数据集、糖尿病数据集、手写数字数据集、乳腺癌数据集、波士顿房价数据集,这些数据集的规模较小,不能代表着真实的场景,可用作教学演示和初学者的项目。

(1)鸢尾花数据集:load_iris,150 个样本,有 4 个特征,分别为萼片长度(厘米)、萼片宽度(厘米)、花瓣长度(厘米)、花瓣宽度(厘米),共三个鸢尾花的分类。

(2)糖尿病数据集:load_diabetes,442 个样本,从糖尿病患者中获取每位的年龄、性别、体重指数、平均血压和六次血清测量值,共十个特征,以及一年后疾病进展的定量测量指标。

(3)手写数字数据集:load_digits,5 620 个样本,一共 64 个特征,范围为 0~16 的整数,一共十个类别。

(4)乳腺癌数据集:load_breast_cancer,569 个样本,一共有 30 个细胞核特征,两个分类,判断肿瘤为恶性或者良性。

(5)波士顿房价数据集:load_boston,506 个数据集;一共 13 个房屋特征,一般是用于回归预测算法。

加载 sklearn 中自带数据集的方法:
(1)使用 load_+数据集名称,如 from sklearn import load_iris。
(2)数据集的特征存放在.data 属性中,标签值存放于.target 属性中。

0.6.3 sklearn 库中数据划分方法

sklearn 工具包中的 train_test_split 方法可以将原始数据集按照一定比例划分训练集和测试集。下面对公开数据集鸢尾花进行划分。

(1)将鸢尾花数据集可视化。

```
#首先可视化该数据集
import pandas as pd
import matplotlib.pyplot as plt
import numpy as np
df = pd.read_csv('http://archive.ics.uci.edu/ml/
machine-learning-databases/iris/iris.data', header=None)
#加载 iris 数据集作为 DataFrame 对象
X = df.iloc[:,[0,2]].values
```

```
#取出2个特征,并把它们用Numpy数组表示
plt.scatter(X[:50,0], X[:50,1],color='red', marker='o', label='setosa')
#前50个样本的散点图
plt.scatter(X[50:100,0], X[50:100,1],color='blue', marker='x', label='versicolor')
#中间50个样本的散点图
plt.scatter(X[100:,0], X[100:,1],color='green', marker='+', label='Virginica')
#后50个样本的散点图
plt.xlabel('petal length')
plt.ylabel('sepal length')
plt.legend(loc=2)
#说明放在左上角
plt.show()
```

运行结果如下所示。

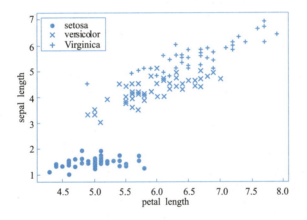

（2）调用sklearn的train_test_split方法。

train_test_split函数的主要参数如下：

arrays：特征数据和标签数据（如array、list、dataframe等类型），要求所有数据长度相同。

test_size/train_size：测试集/训练集的大小,若输入小数表示比例,若输入整数表示数据个数。

rondom_state：随机种子（一个整数），其实就是一个划分标记,对于同一个数据集,如果rondom_state相同,则划分结果也相同。

shuffle：是否打乱数据的顺序,再划分,默认值为True。

stratify：none或array/series类型的数据,表示按列进行分层采样。

```
#使用sklearn的train_test_split方法
from sklearn.model_selection import train_test_split
from sklearn import datasets
import numpy as np
```

```
iris = datasets.load_iris()          #加载iris数据集
X = iris.data[:, [2, 3]]
y = iris.target                      #标签已经转换成0,1,2了
X_train, X_test, y_train, y_test = train_test_split(X, y, test_size = 0.2, random_state = None)
print('数据集数量:' + str(len(X)))
print('训练集数量:' + str(len(X_train)))
print('测试集数量:' + str(len(X_test)))
```

运行结果如下所示:

```
数据集数量:150
训练集数量:120
测试集数量:30
```

(3) 使用 NumPy 实现 sklearn 中的 train_test_split 方法。

```
from sklearn import datasets
import numpy as np
def train_test_split(X, y, test_ratio = 0.2, seed = None):
    assert X.shape[0] == y.shape[0], '样本和标签个数不一致'
    assert 0 <= test_ratio < 1, '无效的测试比例'
    if seed:
        np.random.seed(seed)
    shuffled_indexes = np.random.permutation(len(X))
    test_size = int(len(X) * test_ratio)
    train_index = shuffled_indexes[test_size:]
    test_index = shuffled_indexes[:test_size]
    return X[train_index], X[test_index], y[train_index], y[test_index]
iris = datasets.load_iris()
#加载iris数据集
X = iris.data[:, [2, 3]]
y = iris.target
#标签已经转换成0,1,2了
X_train, X_test, y_train, y_test = train_test_split(
X, y, test_ratio = 0.2, seed = None)
print('数据集数量:' + str(len(X)))
print('训练集数量:' + str(len(X_train)))
print('测试集数量:' + str(len(X_test)))
```

运行结果如下所示。

数据集数量:150
训练集数量:120
测试集数量:30

0.7 总结

(1)机器学习就是让计算机自动地学习事物(数据)中存在的规律,从而逼近人对事物的行为判断。通过把已知或已观测事物特征化(属性化),然后使用相应的算法不断学习特征之间的规律,训练出一套模型自动地对新事物进行预测或判断。

(2)机器学习是实现人工智能的主要途径,目前在很多领域有了实际应用,如票房预测、情感分析、医疗诊断、自动驾驶、虚拟助手等。

(3)有监督和无监督学习的区别就是训练样本有无标记。

(4)分类预测的是离散的样本类别,回归预测的是连续型数值。

项目 1 运用线性回归算法实现趋势预测

1.1 项目导入

图 1-1 所示为截至 2022 年 8 月杭州近一年房价走势图,整体上来看数据走势呈现一个线性增长的趋势,那么机器学习线性回归要做的就是从已经存在的历史数据中总结规律,从而能对未来数据作出预测。如可以预测杭州 2022 年 9 月份房价大概是什么水平;预测牛肉价格会是什么走势。而这些问题,都可以通过线性回归解决,线性回归也是机器学习中解决回归问题的主要算法之一。在这个项目中,我们将会和小艾一起,解决上面提到的一些线性回归问题。

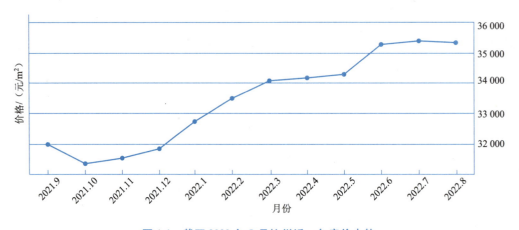

图 1-1 截至 2022 年 8 月杭州近一年房价走势

1.2 项目目标

(1)熟悉样本、特征、观测值、预测值、损失等概念。
(2)理解线性回归大致原理。

(3)能够应用线性回归模型解决实际问题。

1.3 知识导入

1.3.1 线性回归概念

线性回归(Linear Regression)是机器学习中比较基础的算法之一。简单的线性回归就是要得到一条直线去拟合已知的数据分布。

具体地,给定数据集 $D = \{(x_1, y_1), (x_2, y_2), \cdots, (x_m, y_m)\}$,其中,$x_i$ 为自变量,$y_i \in \mathbf{R}$ 为因变量,共有 m 个样本。每个样本包含 n 个特征,线性回归要做的就是要学得一个模型,在输入一个未知自变量时,尽可能准确地预测因变量的值。

如小艾因为工作原因需要在杭州市内外出,打车较多。时间久了,他把每次打车里程和打车费用记录下来,绘制成图1-2。

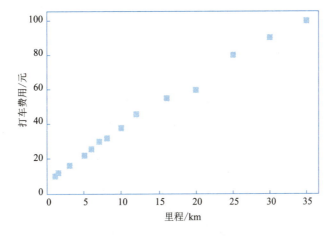

图 1-2 打车费用记录散点图

图 1-2 中的点可以看作一个数据集,$D = \{(x_1, y_1), (x_2, y_2), \cdots, (x_m, y_m)\}$,把每个数据点称为一个样本,其中,$x_i$ 只含有一个特征,表示里程;i 表示第 i 个训练样本,共 m 个样本;y_i 是数值,表示打车费。观察图 1-2 很容易发现,里程 x_i 和打车费 y_i 之间存在着一定的线性关系。也就是说可以大致画出表示 x_i 与 y_i 之间关系的一条直线。

如图 1-3 所示,在该直线中,里程 x_i 为自变量,打车费 y_i 为因变量。而线性回归的目的是利用自变量 x_i 与因变量 y_i 学习出一条能够描述两者之间关系的线。

图 1-3 的直线拟合的是里程和打车费之间的关系,属于一元线性回归,那么多元线性回归则会拟合出一个平面或者超平面。

线性回归非常简单,形式简单、思想简单,却蕴含着机器学习中的一些重要思想,许多功能强大的非线性模型是基于线性模型,并引入层级结构或者高维映射得到的。

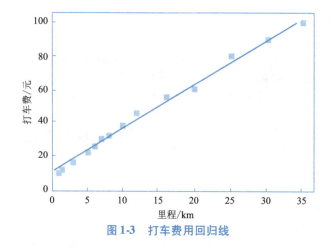

图 1-3 打车费用回归线

1.3.2 线性回归模型

将线性回归的问题进行抽象化,转换成能求解的数学问题。在上面的例子中,可以看出自变量 x_i 与因变量 $y_i(i=1,2,\cdots,m)$ 大致呈线性关系,因此可以对因变量作出假设(hypothesis),公式如下:

$$\hat{y}_i = \theta_1 x_i + \theta_0$$

式中的 $\hat{y}_i$ 代表什么意思呢?

回想一下里程和打车费的直线,这条直线并没有完全拟合所有数据点,对每一个输入 x,对应直线上的 y' 与真实观测值 y 存在一定的误差,预测值并不完全等于观测值,$\hat{y}_i$ 则是假设函数的预测值。该假设是一元线性函数模型,其中含有两个参数 θ_1 和 θ_0。其中 θ_1 可看作斜率,θ_0 则是直线在 y 轴上的截距。

那么,二元、多元线性回归公式是什么?

回归模型中一元、二元分别代表什么含义?一元代表自变量只有一个特征属性,即上式中的 x 是一维的;二元则表示自变量有两个特征属性;依此类推,多元表示输入变量 x 有 n 个特征属性。

$$\hat{y}_i = \theta_n x_n^i + \theta_{n-1} x_{n-1}^i + \cdots + \theta_2 x_2^i + \theta_1 x_1^i + \theta_0$$

式中,$i=1,2,\cdots,m$,表示样本数,n 表示特征数。变量系数就是模型要根据已知数据学习的参数。

那么接下来的主要工作就是如何学习这些参数,也就是训练过程。在开始学习线性回归模型的求解过程之前,先完成图 1-4 所示的小测验。

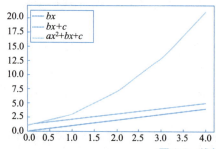 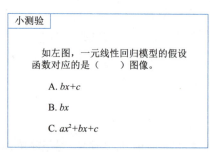

图 1-4 线性回归小测验

1.3.3 求解线性回归

假设要根据前文的里程和打车费用数据训练出一个一元线性回归模型,模型的参数要在学习数据的过程中不断更新,那么更新到值为多少才算是最优模型或者预测最准确的模型呢?这就需要定义损失,也就是当前模型预测值和真实值的差距。若损失很小,表明模型与数据真实分布很接近,则模型性能良好;若损失很大,表明模型与数据真实分布差别较大,则模型性能不佳。训练模型的主要任务是寻找损失函数最小化对应的模型参数。损失函数是机器学习算法的核心。

如线性回归是对因变量 y 和几个独立变量 x_i 之间的线性关系进行建模。因此,在空间中对这些数据拟合出一条直线或者超平面。

回归模型 $y = a_0 + a_1x_1 + a_2x_2 + \cdots + a_nx_n$,使用给定的数据点找到使模型预测最准确的最佳系数 $a_0, a_1, \cdots, a_n$。

那找到最佳参数和损失函数有什么关系?

对已知数据点 $(x_{1i}, x_{2i}, \cdots, y_i)(i = 1, 2, \cdots, n)$,使用假设函数能够计算模型预测值 $\hat{y}$,但是,真实值 y 和预测值 $\hat{y}$ 相同吗?

显然,如图 1-5 所示,预测值和真实值之间存在不同程度的误差。

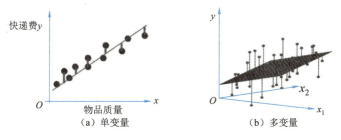

图 1-5 单变量与多变量回归预测

训练过程就是要更新函数参数值,使得预测值和真实值的差距减到最小。

下面先看几个函数的基本定义:

(1) 损失函数(Loss Function):定义在单个样本上,计算的是一个样本的误差。

(2) 代价函数(Cost Function):定义在整个训练集上,是所有样本误差的平均,也就是损失函数的平均。

(3) 目标函数(Object Function):最终需要优化的函数。即经验风险+结构风险(代价函数+正则化项),在有些实际问题中,为了防止过拟合或者其他原因会在一般的代价函数的基础上增加一个正则项。

在机器学习中,损失函数一般分为分类和回归两类,回归会预测给出一个数值结果,而分类则会给出一个标签。本项目着重介绍回归问题中常用的几种损失函数。

1. 平均绝对误差

平均绝对误差又称 L1 范数损失,它是目标值与预测值之差绝对值的和,表示了预测值的平均误差幅度,而不需要考虑误差的方向。

其公式就是所有样本预测值和真实值之间差值的绝对值之和再取平均。

$$\text{MAE} = \frac{\sum_{i=1}^{n}|y_i - \hat{y}_i|}{n}$$

MAE 虽能较好衡量回归模型的好坏,但是绝对值的存在导致函数不光滑,在某些点上不能求导。考虑将绝对值改为残差的平方,就是下面的均方误差。

2. 均方误差

回归损失函数中最常用的误差,它是预测值与目标值之间差值的平方和,其公式就是所有样本预测值和真实值之间差值的平方和再取平均。

$$\text{MSE} = \frac{\sum_{i=1}^{n}(y_i - \hat{y}_i)^2}{n}$$

均方误差具有非常好的几何意义,它对应了常用的欧氏距离。均方误差又称 L2 范数损失。

3. 均方根误差

由于 MSE 与目标变量的量纲不一致,为了保证量纲一致性,需要对 MSE 进行开方。公式对 MSE 的结果进行开平方根。

$$\text{RMSE} = \sqrt{\frac{\sum_{i=1}^{n}(y_i - \hat{y}_i)^2}{n}}$$

模型训练的目标就是求解使得损失函数降到最小值的模型参数$(a_0, a_1, \cdots, a_n)$。损失函数的可视化如图 1-6 所示。

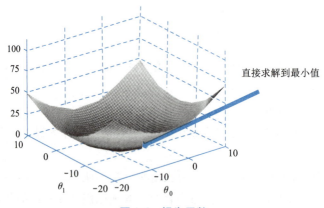

图 1-6 损失函数

那么,应该使用什么方法找到最小值呢?下面介绍最小二乘法。

基于均方误差最小化进行模型求解的方法称为"最小二乘法"。

在线性回归中,最小二乘法就是试图找到一条直线,使所有样本到直线的欧氏距离之和最小。

求解 w 和 b 使 $E(w,b) = \sum_{i=1}^{n}(y_i - (wx_i + b))^2$ 最小化的过程称为线性回归的最小二乘参数估计,将 $E(w,b)$ 分别对 w 和 b 求偏导并令其为 0,即可推出系数的解。在这里不阐述公式推导的细节。

1.3.4 过拟合与欠拟合

机器学习中要评估一个模型好坏,模型的泛化能力也是要考查的标准,泛化能力强的模型才是好模型。

对于训练好的模型,若在训练集中表现差,在测试集中表现同样会很差,这可能是欠拟合导致的;若模型在训练集中表现非常好,却在测试集中差强人意,则这便是过拟合导致的。

如图 1-7 所示描述了同一训练集得到的不同模型的拟合结果。

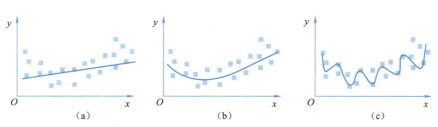

图 1-7 欠拟合与过拟合对比

在 1-7(a)中,用比较简单的函数或者说选择少量特征去拟合训练数据,能够看出,这个线性函数拟合效果并不好,有些数据的误差很大。

于是,在图 1-7(b)中,选择更多的特征也是一个复杂一些的函数模型去拟合数据,能够看出,拟合效果明显好了很多,均方误差变小了。

那么是不是模型越复杂,特征选取的越多,效果越好呢?

在图 1-7(c)中,函数模型可能是个高阶多项式,对训练集已经拟合得很好,但是,模型效果好不好,不能只看训练集上的损失,更重要的是看测试集上的损失。这种情况,模型并不能做更准确的预测,所以并不是个很好的函数模型。

1. 过拟合

过拟合就是模型过于拟合训练集的特征,而模型的泛化能力降低的表现。在对模型进行训练时,有可能遇到训练数据不够,即训练数据无法对整个数据的分布进行估计时,或者在对模型进行过度训练(Overtraining)时,常常会导致模型的过拟合(Overfitting)。随着模型训练的进行,模型在训练数据集上的训练误差会逐渐减小,但是在达到一定程度时,模型在验证集上的误差反而增大。此时便发生了过拟合。

为了防止过拟合,可以采用以下方法来解决。

1) Early stopping

Early stopping 是一种迭代次数截断的方法来防止过拟合,即在模型对训练数据集迭代收敛之前停止迭代来防止过拟合。

在每一个训练 Epoch(一个 Epoch 即为对所有训练数据的一轮遍历)结束时计算开发集的准确率,当准确率不再提高时,就停止训练。

如何判断准确率不再提高呢?

在训练过程中,记录到目前为止最好的开发集准确率,当连续 N(设定值)次 Epoch 没达到最佳准确率时,则可以认为准确率不再提高了。

2)数据集扩增

数据集扩增即需要得到更多的符合要求的数据,即和已有的数据是独立同分布或近似独立同分布的。一般有以下方法:

(1)从数据源头采集更多数据。

(2)复制原有数据并加上随机噪声。

(3)重采样。

(4)根据当前数据集估计数据分布参数,使用该分布产生更多数据等。

3)L1 正则化

L1 正则化基于 L1 范数(L1 范数是指向量中各个元素绝对值之和),即在代价函数后面加上参数的 L1 范数和项,即

$$C = C_0 + \alpha \sum_{i=1}^{k} |w|,$$

式中,C_0 是原始代价函数;α 是正则项系数;w 是模型参数。L1 正则项是为了使得那些原先处于零(即 $|w| \approx 0$)附近的参数 w 往零移动,使得部分参数为零,降低模型的复杂度,防止过拟合,提高模型的泛化能力。

如线性回归的损失函数加入 L1 正则化:

$$L(w,b) = \text{MSE} + \alpha \sum_{i=1}^{k} |w|$$

式中,MSE 表示均方误差。

4)L2 正则化

L2 正则化基于 L2 范数(L2 范数是指向量各元素的平方和的开方),即在代价函数后面加上参数的 L2 范数和项,即参数的平方和与参数的正则项,即

$$C = C_0 + \alpha \sum_{i=1}^{k} w^2$$

式中,C_0 是原始代价函数;α 是正则项系数;w 是模型参数。

2. 欠拟合

欠拟合是指模型没有能够很好地学习到数据特征,不能很好地拟合数据,表现为预测值与真实值之前存在较大的偏差。产生欠拟合的原因是模型过于简单,特征项不够。欠拟合解决方法。

(1)增加特征项:可以添加额外的属性,也可以组合当前属性,生成高阶属性,进而使学习模型的泛化能力更强。

(2)减少正则化参数:正则化的目的是防止过拟合,但是现在模型出现了欠拟合,则需要减少正则化参数。

1.4 项目实施

任务1-1 动手训练线性回归模型

视频

动手实现极简单的线性回归

1. 测一测

① 线性回归的英文名称：＿＿＿＿＿＿＿。
② 线性回归是有监督还是无监督学习？＿＿＿＿＿＿＿。
③ 一元线性回归的假设函数 $y = wx + b$，如 x 是自变量，那么 w 是＿＿＿＿，y 是＿＿＿＿。
④ 多元线性回归是指每个样本输入 x 具有多个＿＿＿＿。
⑤ 代价或损失函数用来求解＿＿＿＿＿＿＿。
⑥ 列举一个常用的代价函数及公式：
＿＿＿＿＿＿＿＿＿＿＿＿＿＿＿＿＿＿＿。

2. 实训步骤

在初步了解了线性回归的相关理论后，利用一个简单的数据集尝试线性回归模型的应用。数据集包含了一系列数据点，即 x 和 y，其中 x 表示输入，y 表示输出。基于此实现一个线性回归模型，拟合出一条最佳直线，并将这条直线绘制出来。

步骤1　导入包

导入所需要的 Python 包，NumPy 科学计算库、Matplotlib 数据可视化库、linear_model 模块中的线性回归模型。

```
from numpy import *
import matplotlib.pyplot as plt
from sklearn import linear_model
```

步骤2　构造数据集

通过 NumPy 构造一组数据，20 个数据点，每个数据点包含 1 个维度的特征，用 x 表示，y 表示目标值。

```
m = 20
#20 个数据点
X = arange(1, m+1).reshape(m, 1)
#输入
Y = array([1, 4, 5, 5, 4, 4, 7, 8, 11, 8, 12, 11, 13, 13, 16, 15, 14, 16, 16, 20])
#输出
X.shape, Y.shape
#输出 X、Y 的数据形状
```

运行结果如下所示。

```
((20,1),(20,))
```

步骤3 数据集可视化

可视化可以将数据更加直观地表现出来,方便进行初步数据分析。Matplotlib 是一个 Python 的 2D 绘图库,它可以生成各种用于展示数据分布的图形,比如散点图、曲线图、柱状图、饼图等。

该步骤中,定义一个画图函数,将 20 个数据点在二维界面中展示出来,横轴是 X,纵轴是 Y, 可以大体看出数据的分布。

```
def plotData(X, Y):
    ax = plt.subplot(111)
    ax.scatter(X, Y, s=30, c="red", marker="s")
    #将X、Y用红色散点展示在二维图中
    plt.xlabel("X")
    #横轴是X
    plt.ylabel("Y")
    #纵轴是Y
    plt.show()
plotData(X,Y)
```

运行结果如下所示。

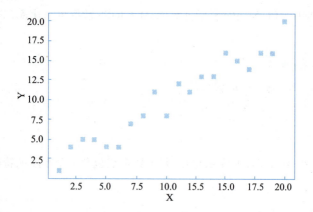

步骤4 实例化一个回归器

在 sklearn 中,估计器(estimator)是一个重要的角色,分类器和回归器都属于 estimator, LinearRegression 是一个回归器,目的在于最小化样本集中观测点和线性近似的预测点之间的残差平方和。

LinearRegression 类原型:

```
class sklearn.linear_model.LinearRegression(fit_intercept=True,
    normalize=False, copy_X=True, n_jobs=None)
```

LinearRegression 类参数说明如下：

fit_intercept：是否计算该模型的截距；bool 型，可选，默认值为 True，如果使用中心化的数据，可以考虑设置为 False，不考虑截距。

normalize：是否对数据进行标准化处理；bool 型，可选，默认值为 False，建议将标准化的工作放在训练模型之前，通过设置 sklearn.preprocessing.StandardScaler 实现。

copy_X：是否对 X 复制；bool 型、可选、默认值为 True，如为 false，则即经过中心化，标准化后，把新数据覆盖到原数据上。

n_jobs：用于计算的核心数。这只会为 n_targets>1 和足够大的问题提供加速。除非在上下文中设置了 joblib.parallel_backend 参数，否则 None 表示 1。-1 表示使用所有处理器。

```
estimator = linear_model.LinearRegression()
```

步骤5 开始训练线性回归模型

调用 LinearRegression 类的 fit() 函数使用给定的数据集进行线性回归模型训练。

fit 函数原型：

```
def fit(self, X, y, sample_weight=None)
```

fit 函数参数说明如下：

X：数据特征，形状为（样本数，特征数）。

y：数据的标签，形状为（样本数，类别数）。

sample_weight：形状为（样本数，）的向量，可以指定对于某些样本的权值，如果觉得某些数据比较重要，可以将其权值设置得大一些。

训练完成后，通过 LinearRegression 类的属性 coef_可以查看模型的系数，对于单目标问题，返回值是形状为（特征数，）的一维数组。通过 LinearRegression 类的属性 intercept_可以查看模型中的独立项。

```
estimator.fit(X,Y)
display(estimator.coef_)
#线性模型的系数 w1
display(estimator.intercept_)
#截距 w0
```

运行结果如下所示。

```
array([0.86240602])
1.094736842105263
```

步骤6 绘制回归线

在完成线性回归模型训练后,可以使用 Matplotlib 库画出回归曲线,更加直观地分析模型对数据的拟合效果。

```
def plotLine(X, Y, optimal,optimal0):
    ax = plt.subplot(111)
    ax.scatter(X, Y, s=30, c="red", marker="s")
    plt.xlabel("X")
    plt.ylabel("Y")
    x = arange(0, 21, 0.2)
    # x 的范围
    y = optimal[0]* x + optimal0
    #使用线性回归模型的参数计算输出值 y
    ax.plot(x, y)
    plt.show()
optimal = estimator.coef_
optimal0 = estimator.intercept_
plotLine(X, Y, optimal,optimal0)
```

运行结果如下所示。

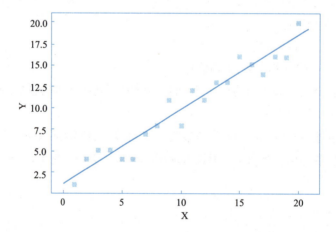

习 题

1. 产生欠拟合的原因是( )。

    A. 学习到数据的特征过少　　　B. 学习到数据的特征过多

    C. 学习到错误数据　　　　　　D. 机器运算错误

2. 针对"任务1-1 动手训练线性回归模型",请同学们调用 LinearRegression 类的其他方法实现对模型预测准确率的评估。

项目 1　运用线性回归算法实现趋势预测

任务1-2　线性回归预测鲍鱼年龄

视 频

基于线性回归预测鲍鱼年龄

1. 测一测

①简要说明损失函数、代价函数、目标函数的区别？_____
_____
_____。
②线性回归中常用损失函数有_____。
③模型训练中的优化方法可以用_____。
④sklearn 中封装了 linear_model 模块可以实现_____。
⑤sklearn 中封装了 StandardScaler 可以用于数据_____。

2. 实训步骤

在海洋生物学领域,研究人员对于鲍鱼的生长和年龄预测非常感兴趣。鲍鱼是一种受到广泛关注的贝类,其年龄与体型的关系对于资源管理和渔业决策具有重要意义。为了更好地了解鲍鱼的生长规律,科学家们收集了大量的鲍鱼样本数据,并进行了详细的测量和记录。

在这个情境中,有一组包含了鲍鱼各项特征和对应年龄的数据集。特征包括鲍鱼的性别、长度、直径、高度和质量等。下面基于这些特征建立一个线性回归模型,以预测鲍鱼的年龄。

步骤 1　导入包

导入需要的 Python 包,即 sklearn 和 numpy。

```
from sklearn import linear_model
#调用 sklearn 中的 linear_model 模块进行线性回归
from sklearn.preprocessing import StandardScaler
#调用 sklearn 中的标准化函数对数据进行标准化处理
import numpy as np
```

步骤 2　加载数据

下面解析以“,”符号分隔的文件中的浮点数。

参数:

FileName:数据集文件的路径。

返回值:

dataMat:feature 对应的数据集,数据集中的特征分别为长度、直径、高度、整体质量、去壳质量、内脏质量、外壳质量、年龄。

labelMat:feature 对应的分类标签,即类别标签。

```
def loadDataSet(fileName):
    #获取样本特征的总数,不算最后的目标变量
```

23

```python
        numFeat = len(open(fileName).readline().split('\t')) - 1
        dataMat = []
        labelMat = []
        fr = open(fileName)
        for line in fr.readlines():
            #读取每一行
            lineArr = []
            #删除一行中以 tab 分隔的数据前后的空白符号
            curLine = line.strip().split('\t')
            #i 从 0 到 2, 不包括 2
            for i in range(numFeat):
                #将数据添加到 lineArr List 中, 每一行测试数据组成一个行向量
                lineArr.append(float(curLine[i]))
            #将测试数据的输入数据部分存储到 dataMat 的 List 中
            dataMat.append(lineArr)
            #将每一行的最后一个数据, 即类别, 又称目标变量, 存储到 labelMat List 中
            labelMat.append(float(curLine[-1]))
        return dataMat, labelMat
```

步骤3 建立简单线性回归模型

参数：

xArr：输入的样本数据，包含每个样本数据的 feature。

yArr：对应于输入数据的类别标签，也就是每个样本对应的目标变量。

返回值：

ws：回归系数。

```python
    def standRegres(xArr, yArr):
        #mat() 函数将 xArr, yArr 转换为矩阵。mat().T 代表的是对矩阵进行转置操作
        xMat = mat(xArr)
        yMat = mat(yArr).T
        #矩阵乘法的条件是左矩阵的列数等于右矩阵的行数
        xTx = xMat.T * xMat
        #因为要用到 xTx 的逆矩阵, 所以事先需要确定计算得到的 xTx 是否可逆, 条件是矩阵的行列式
        不为 0
        #linalg.det() 函数用来求得矩阵的行列式, 如果矩阵的行列式为 0, 则该矩阵是不可逆的, 就
        无法进行接下来的运算
        if linalg.det(xTx) == 0.0:
            print("This matrix is singular, cannot do inverse")
            return
```

```
#最小二乘法
#求得w的最优解
ws = xTx.I * (xMat.T * yMat)
return ws
```

步骤4 建立局部加权线性回归模型

局部加权线性回归是另一种线性回归,在待预测点附近的每个点赋予一定的权重,在子集上基于最小均方差进行普通的回归。

参数:

testPoint:样本点。

xArr:样本的特征数据,即feature。

yArr:每个样本对应的类别标签,即目标变量。

k:关于赋予权重矩阵的核的一个参数,与权重的衰减速率有关。

返回值:

testPoint * ws:数据点与具有权重的系数相乘得到的预测点。

这其中会用到计算权重的公式:

$$w = \exp\left(-\frac{(x_i - x)^2}{2k^2}\right)$$

x 为某个预测点,x_i 为样本点,k 为需要指定的参数,样本点距离预测点越近,贡献的误差越大(权值越大),越远则贡献的误差越小(权值越小)。

关于预测点的选取,在代码中取的是样本点。其中 k 是带宽参数,控制 w(钟形函数)的宽窄程度,类似于高斯函数的标准差。

算法思路:假设预测点取样本点中的第 i 个样本点(共 m 个样本点),遍历 1~m 个样本点(含第 i 个),算出每个样本点与预测点的距离,也就可以计算出每个样本贡献误差的权值,可以看出 w 是一个有 m 个元素的向量(写成对角阵形式)。

```
def lwlr(testPoint, xArr, yArr, k = 1.0):
    #mat()函数用于将array转换为矩阵,mat().T是转换为矩阵后再进行转置操作
    xMat = mat(xArr)
    yMat = mat(yArr).T
    #获得xMat矩阵的行数
    m = shape(xMat)[0]
    #eye()函数返回一个对角线元素为1,其他元素为0的二维数组,创建权重矩阵weights,该矩阵为每个样本点初始化了一个权重
    weights = mat(eye((m)))
    for j in range(m):
        #testPoint是一个行向量的形式
        #计算testPoint与输入样本点之间的距离,然后计算出每个样本贡献误差的权值
        diffMat = testPoint - xMat[j,:]
```

```
        diffMat = testPoint - xMat[j,:]
        #k 用于控制衰减的速度
        weights[j, j] = exp(diffMat* diffMat.T/(-2.0* k* * 2))
#根据矩阵乘法计算 xTx,其中的 weights 矩阵是样本点对应的权重矩阵
xTx = xMat.T* (weights* xMat)
if linalg.det(xTx) = = 0.0:
    print("This matrix is singular, cannot do inverse")
    return
#计算出回归系数的一个估计
ws = xTx.I* (xMat.T* (weights* yMat))
return testPoint* ws
```

步骤 5 使用局部线性回归模型测试

测试局部加权线性回归,对数据集中每个点调用 lwlr( )函数。

参数:

testArr:测试使用的所有样本点。

xArr:样本的特征数据,即 feature。

yArr:每个样本对应的类别标签,即目标变量。

k:控制核函数的衰减速率。

返回值:

yHat:预测点的估计值。

```
def lwlrTest(testArr, xArr, yArr, k =1.0):
    #得到样本点的总数
    m = shape(testArr)[0]
    #构建一个全部都是 0 的 1* m 矩阵
    yHat = zeros(m)
    #循环所有数据点,并将 lwlr 运用于所有数据点
    for i in range(m):
        yHat[i] = lwlr(testArr[i], xArr, yArr, k)
    #返回估计值
    return yHat
```

步骤 6 计算误差

rssError( )函数用于计算预测误差的大小。

参数:

yArr:真实的目标变量。

yHatArr:预测得到的估计值。

返回值：

计算真实值和估计值得到的值的平方和作为最后的返回值。

```python
def rssError(yArr, yHatArr):
    return ((yArr - yHatArr) * * 2).sum()
```

步骤7 使用上述两种模型预测鲍鱼年龄

```python
def abaloneTest():
    #加载数据
    abX, abY = loadDataSet("./data-sets/abalone.csv")
    #使用不同的核进行预测
    oldyHat01 = lwlrTest(abX[0:99], abX[0:99], abY[0:99], 0.1)
    oldyHat1 = lwlrTest(abX[0:99], abX[0:99], abY[0:99], 1)
    oldyHat10 = lwlrTest(abX[0:99], abX[0:99], abY[0:99], 10)
    #打印出不同的核预测值与训练数据集上的真实值之间的误差大小
    print(("old yHat01 error Size is :", rssError(abY[0:99], oldyHat01.T)))
    print(("old yHat1 error Size is :", rssError(abY[0:99], oldyHat1.T)))
    print(("old yHat10 error Size is :", rssError(abY[0:99], oldyHat10.T)))

    #打印出不同的核预测值与新数据集(测试数据集)上的真实值之间的误差大小
    newyHat01 = lwlrTest(abX[100:199], abX[0:99], abY[0:99], 0.1)
    print(("new yHat01 error Size is:", rssError(abY[0:99], newyHat01.T)))
    newyHat1 = lwlrTest(abX[100:199], abX[0:99], abY[0:99], 1)
    print(("new yHat1 error Size is:", rssError(abY[0:99], newyHat1.T)))
    newyHat10 = lwlrTest(abX[100:199], abX[0:99], abY[0:99], 10)
    print(("new yHat10 error Size is:", rssError(abY[0:99], newyHat10.T)))

    #使用简单的线性回归进行预测,与上面的计算进行比较
    standWs = standRegres(abX[0:99], abY[0:99])
    standyHat = mat(abX[100:199]) * standWs
    print(("standRegress error Size is:", rssError(abY[100:199], standyHat.T.A)))
abaloneTest()
```

结果如下：

```
('old yHat01 error Size is:', 192.36589483485503)
('old yHat1 error Size is:', 527.3404023801103)
('old yHat10 error Size is:', 554.7544142866742)
This matrix is singular, cannot do inverse
('new yHat01 error Size is:', nan)
```

```
('new yHat1 error Size is:', 3255.386195702159)
('new yHat10 error Size is:', 3352.2072233459603)
('standRegress error Size is:', 495.88514099460264)
```

习 题

1. 线性回归中的"线性"指_____是线性的。
   A. 因变量　　　　　　　　B. 系数
   C. 因变量　　　　　　　　D. 误差

2. 制作问卷调查,收集至少10个同学的辅导费用数据。根据收集到的数据进行线性回归模型训练,并总结遇到的问题。参考步骤如下:
   步骤1　导入相关包;
   步骤2　实例化线性模型;
   步骤3　模型训练;
   步骤4　模型预测。

任务1-3　线性回归预测牛肉价格

1. 测一测

① 线性回归可用来解决_____问题。
② 一元线性回归方程 $y = wx + b$,w 代表直线的_____,b 代表直线的_____。
③ 梯度是一个数值还是一个向量?_____。
④ 梯度下降是模型训练过程中最____化代价函数的常用方法。
⑤ 简单描述一下梯度下降的过程_____
_____
_____。
⑥ 二元线性回归的拟合形状是一个_____。

2. 实训步骤

现在有一组关于历年牛肉价格的数据,数据集包括以下数据项:年份、季度、农村还是城市,以及对应的价格。根据这些已知数据,使用 sklearn 工具训练一个线性回归模型,使模型能够预测未来某一年某个季度、无论城市还是农村的牛肉价格。

步骤1　导入包

在本步骤中,导入项目所需要的 Python 包。

```
导入需要的 Python 包,即 sklearn 和 numpy。
from sklearn import linear_model
```

```
#调用sklearn中的linear_model模块进行线性回归
from sklearn.preprocessing import StandardScaler
#调用sklearn中的标准化函数对数据进行标准化处理
import numpy as np
```

步骤2 读取数据

```
#加载读取数据集函数
def loadDataSet(filename):
#加载文件,将特征feature保存在X中,结果y保存在Y中
    f = open(filename)
    x = []
    y = []
    for i, d in enumerate(f):
        if i = = 0:
            continue
        d = d.strip()
        if not d:
            continue
        d = list(map(float, d.split(',')))
        x.append(d[:-1])
        y.append(d[-1])
    return np.array(x),np.array(y)         #读取数据
X, Y = loadDataSet('DataSetReadOnly/beef2.csv')
```

步骤3 数据标准化

由于每一列数据类型或者数值大小没有可比性,需要对其进行标准化。

```
scale = StandardScaler().fit(X)
X = scale.transform(X)
```

步骤4 调用sklearn中线性回归模型linear_model

```
lr = linear_model.LinearRegression()
lr.fit(X,Y)
display(lr.intercept_)
display(lr.coef_)
```

结果如下所示:

```
15.225284552845471
array([14.72200341, -0.23538957, 0.63655622])
```

步骤 5 模型预测牛肉价格

```
bf_year = 2023
bf_jidu = 1
bf_county = 1 if bf_county == 1:
bf_cty = '农村' else:
bf_cty = '城市'
newMat = np.array([[bf_year, bf_jidu,bf_county]])
#输入数据转为 numpy 矩阵
newMat_ = scale.transform(newMat)
#输入数据标准化处理
bf_price = round(lr.predict(newMat_)[0],2)
#输出价格保留两位小数 print("预测{}年,第{}季度,{}
的牛肉价格为:{}元一斤".format(bf_year,bf_jidu,bf_cty,bf_price))
```

结果如下：

预测 2023 年,第 1 季度,农村的牛肉价格为:35.65 元一斤

习 题

1. 产生过拟合的原因是(   )。

   A. 学习到数据的特征过少　　　B. 学习到数据的特征过多
   C. 学习到错误数据　　　　　　D. 机器运算错误

2. 针对"任务1-3　线性回归预测牛肉价格",提取数据集"bf_data.csv"中"季度"属性和"价格"属性作为数据集,其中"季度"属性作为特征、"价格"属性作为预测值,基于该数据训练一个线性回归模型,并使用 Matplotlib 工具将回归拟合结果可视化(数据的散点分布以及训练得到的回归线)。

任务1-4　线性回归预测收益

视频
线性回归
预测短视频
现金激励

1. 测一测

①如果输入 x 具有 3 个特征,那么对应的线性回归方程是什么?
_____。
②误差函数是指_____和_____之间的误差。
③沿着损失函数梯度的_____方向能以最快的方式找到损失函数最小值。
④学习率的大小决定了每次迭代更新的_____。
⑤举例说明梯度下降法的变种或改进版_____。

2. 实训步骤

假设小艾想在业余时间赚点零花钱,听朋友说无聊的时候看看短视频就能有收益。于是他下载了"xigua""kuaishou""douyin"App,分别观看视频并记录了 200 条关于每个 App 观看时间和收益的数据,进一步分析和预测各观看时间和总收益之间的关系。

步骤 1 导入包

```
#导入包
import pandas as pd
#数据处理
import seaborn as sns
#数据可视化
import numpy as np
from sklearn.preprocessing import StandardScaler
#数据标准化
from sklearn.model_selection import train_test_split
#划分数据集
from sklearn import linear_model
#线性模型
import matplotlib.pyplot as plt
#数据可视化
```

步骤 2 预览数据

查看数据格式、数据的大体特征、基本统计值。

(1)读取并预览数据前 5 行。

```
#读取文件
data = pd.read_csv('./data-sets/RMB_dsp.csv')
#查看表格数据前几行
data.head()
```

运行结果如下所示。

	Unnamed: 0	xigua	kuaishou	douyin	RMB
0	1	230.1	37.8	69.2	22.1
1	2	44.5	39.3	45.1	10.4
2	3	17.2	45.9	69.3	9.3
3	4	151.5	41.3	58.5	18.5
4	5	180.8	10.8	58.4	12.9

(2)对数据进行简单分析。

```
#简单数据分析,每一项属性值的最大值、最小值、均值等统计指标
data.describe()
```

运行结果如下所示。

	Unnamed: 0	xigua	kuaishou	douyin	RMB
count	200.000000	200.000000	200.000000	200.000000	200.000000
mean	100.500000	147.042500	23.264000	30.554000	14.022500
std	57.879185	85.854236	14.846809	21.778621	5.217457
min	1.000000	0.700000	0.000000	0.300000	1.600000
25%	50.750000	74.375000	9.975000	12.750000	10.375000
50%	100.500000	149.750000	22.900000	25.750000	12.900000
75%	150.250000	218.825000	36.525000	45.100000	17.400000
max	200.000000	296.400000	49.600000	114.000000	27.000000

(3)绘制显示各特征与输出值之间的数据分布图。

```
#绘制显示数据分布图,其分别是收益与每一个 App 浏览视频时长之间的关系
sns.pairplot(data,x_vars = ['xigua','kuaishou','douyin'],y_vars = 'RMB',height = 3,
aspect = 1.0)
```

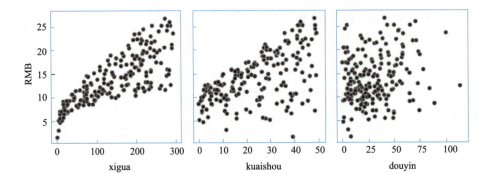

可以看出"xigua""kuaishou"和"RMB"线性关系较强,而"douyin"和"RMB"的线性关系较弱。同时收益是连续型数据,适合用线性回归模型进行拟合。

步骤3 加载数据

```
#加载读取数据集函数
def loadDataSet(filename):
    #加载文件,将特征 feature 保存到 X 中,结果 y 保存到 Y 中
```

项目1 运用线性回归算法实现趋势预测

```
        f = open(filename)
        x = []
        y = []
        for i, d in enumerate(f):
            if i == 0:
                continue
            d = d.strip()
        if not d:
            continue
            d = list(map(float, d.split(',')))
            x.append(d[1:-1])
            #特征
            y.append(d[-1])
            #预测值
        return np.array(x), np.array(y)       #读取文件
X, Y = loadDataSet('./data-sets/RMB_dsp.csv')
X.shape, Y.shape
```

运行结果如下所示。

```
((200,3),(200,))
```

步骤4 数据标准化处理

```
scale = StandardScaler().fit(X)
#获取标准化会用到的数据的均值和方差
X = scale.transform(X)
#调用 transform()函数实现标准化
```

步骤5 划分数据集

将数据集划分为训练集和测试集。调用 sklearn 中的 train_test_split()函数,其中 x,y 为输入和输出;random_state 为随机种子;test_size 是测试集占整个数据集的比例。

```
def x_train, x_test, y_train, y_test = train_test_split(X, Y,
                test_size = 0.2, random_state = 0)
#设置随机种子保证所有人结果一致
```

步骤6 实例化模型

```
#创建一个线性回归估计器
estimator = linear_model.LinearRegression()
```

33

步骤7 训练模型

调用fit()函数,输入数据,进行训练,输出模型参数。

```
#训练模型
estimator.fit(x_train,y_train)
#该线性模型的系数
display(estimator.coef_)
#线性模型的系数
display(estimator.intercept_)
#截距(模型中的独立项)
```

运行结果如下所示。

```
array([3.81814569,2.91005145,-0.06042482])
14.036960961072758
```

步骤8 使用模型进行预测

(1)评估模型在测试集上的拟合效果。

```
estimator.score(x_test,y_test)
```

运行结果如下所示。

```
0.8601145185017868
```

(2)单个样本预测。

实例预测,如3个平台浏览时间为(60,5,23),预测总收益。从输出结果可以看到当数据为(60,5,23)时,预计获取的总收益为6.58。

```
xigua=60
kuaishou=5
douyin=23
newMat=np.array([[xigua,kuaishou,douyin]])
#将预测数据转为numpy矩阵形式
newMat=scale.transform(newMat)
#对数据进行标准化处理
print(estimator.predict(newMat))
#调用predict()函数进行预测
```

运行结果如下所示。

```
[6.58844574]
```

项目 1 运用线性回归算法实现趋势预测

习 题

1. 线性回归方程中,回归系数 b 为负数,表明自变量与因变量为(　　)。
   A. 负相关　　　　　　　　　　B. 正相关
   C. 显著相关　　　　　　　　　D. 不相关

2. 参照"任务1-4　线性回归预测收益"中的实训步骤 1~7,由于"douyin"属性的特征与预测结果相关性不大,所以请将 douyin 属性特征剔除,只选择"xigua"和"kuaishou"属性的时间作为输入特征,重新进行模型的训练和测试。参考步骤如下:

   步骤 1　导入相关的 Python 工具包;
   步骤 2　预览数据;
   步骤 3　加载数据;
   步骤 4　数据标准化处理;
   步骤 5　实例化模型;
   步骤 6　训练模型;
   步骤 7　模型预测。

任务1-5　线性回归预测乐高价格

视频

预测乐高价格

1. 测一测

①非线性回归线是直线还是曲线?_____。
②线性回归的预测值是一个_____,而不是一个离散型变量。
③线性回归模型的预测结果和真实值的差距叫_____。
④Python 编程实现线性回归用于数据计算的包是_____。
⑤Python 编程实现线性回归时画回归线的包是_____。
⑥线性回归模型训练中,如果学习率设置太小,训练速度会_____。

2. 实训步骤

小艾特别喜欢玩乐高,常常会在某电商平台上购买乐高。有一天他想到,能不能根据乐高的上市年份、套装数量、是否全新以及原价多少等特征预测该乐高在某电商平台上的售价?这样也能判断卖家的售价是否合理。

针对某电商平台上在售的乐高套装,他下载了店铺的商品销售网页,其中包含不同乐高套装的商品详情和售价。那么,基于这些数据可以训练一个自动预测模型,即根据乐高是哪一年的、套装数量、是否全新、原价是多少,来预测其售价。

注意:该任务中的线性回归模型的训练过程没有调用 sklearn 库,而是基于 NumPy 来完成的。数据预处理、损失函数的计算、梯度的更新等。

步骤1 解压数据

```
#解压数据到用户当前路径,六种乐高套装的网页数据
! unzip -odata-sets/lego.zip -d./
Archive:data-sets/lego.zip
   creating: ./lego/
  inflating: ./lego/lego10030.html
  inflating: ./lego/lego10179.html
     inflating: ./lego/lego10181.html
  inflating: ./lego/lego10189.html
  inflating: ./lego/lego10196.html
  inflating: ./lego/lego8288.html
```

步骤2 导入包

```
#导入该项目需要的 Python 包、NumPy 用于数据计算,BeautifulSoup 用于提取 HTML 标签中的内
容、random 用于生成随机数
import numpy as np
from bs4 import BeautifulSoup
import random
```

步骤3 数据预处理

从网页上读取数据,对 HTML 页面结构进行解析,根据网页内容提取需要的信息并生成列表。

```
def scrapePage(retX, retY, inFile, yr, numPce, origPrc):
    with open(inFile, encoding='utf-8') as f:
        html = f.read()
    soup = BeautifulSoup(html)
    i = 1
    currentRow = soup.find_all('table', r = "% d" % i)
    while(len(currentRow) ! = 0):
        currentRow = soup.find_all('table', r = "% d" % i)
        title = currentRow[0].find_all('a')[1].text
        lwrTitle = title.lower()
        if (lwrTitle.find('new') > -1) or (lwrTitle.find('nisb') > -1):
            newFlag = 1.0
        else:
            newFlag = 0.0
        soldUnicde = currentRow[0].find_all('td')[3].find_all('span')
```

```
            if len(soldUnicde) ! = 0:
                soldPrice = currentRow[0]. find_all('td')[4]
                priceStr = soldPrice.text
                priceStr = priceStr.replace('$','')
                priceStr = priceStr.replace(',','')
                if len(soldPrice) > 1:
                    priceStr = priceStr.replace('Free shipping', '')
                sellingPrice = float(priceStr)
                if sellingPrice > origPrc * 0.5:
                    retX.append([yr, numPce, newFlag, origPrc])
                    retY.append(sellingPrice)
        i += 1
        currentRow = soup.find_all('table', r = "%d" % i)
    def setDataCollect(retX, retY):
        scrapePage(retX, retY, './lego/lego8288.html', 2006, 800, 49.99)#2006 年的乐高
8288,部件数目 800,原价 49.99
        scrapePage(retX, retY, './lego/lego10030.html', 2002, 3096, 269.99)#2002 年的乐高
10030,部件数目 3096,原价 269.99
        scrapePage(retX, retY, './lego/lego10179.html', 2007, 5195, 499.99)#2007 年的乐高
10179,部件数目 5195,原价 499.99
        scrapePage(retX, retY, './lego/lego10181.html', 2007, 3428, 199.99)#2007 年的乐高
10181,部件数目 3428,原价 199.99
        scrapePage(retX, retY, './lego/lego10189.html', 2008, 5922, 299.99)#2008 年的乐高
10189,部件数目 5922,原价 299.99
        scrapePage(retX, retY, './lego/lego10196.html', 2009, 3263, 249.99)#2009 年的乐高
10196,部件数目 3263,原价 249.99
    lgX = []
    lgY = []
    setDataCollect(lgX, lgY)
    print(lgX)
    print(lgY)
```

运行结果如下所示。

[[2006, 800, 0.0, 49.99], [2006, 800, 0.0, 49.99], [2006, 800, 0.0, 49.99], [2006, 800, 0.0, 49.99], [2002, 3096, 0.0, 269.99], [2002, 3096, 0.0, 269.99], [2002, 3096, 0.0, 269.99], [2002, 3096, 0.0, 269.99], [2002, 3096, 0.0, 269.99], [2002, 3096, 1.0, 269.99], [2002, 3096, 0.0, 269.99], [2002, 3096, 1.0, 269.99], [2002, 3096, 0.0, 269.99], [2002, 3096, 1.0, 269.99], [2007, 5195, 0.0, 499.99], [2007, 5195, 1.0, 499.99], [2007, 5195,

0.0, 499.99], [2007, 5195, 0.0, 499.99], [2007, 5195, 1.0, 499.99], [2007, 5195, 1.0, 499.99], [2007, 5195, 0.0, 499.99], [2007, 5195, 1.0, 499.99], [2007, 5195, 0.0, 499.99], [2007, 5195, 1.0, 499.99], [2007, 5195, 0.0, 499.99], [2007, 5195, 1.0, 499.99], [2007, 5195, 0.0, 499.99], [2007, 5195, 0.0, 499.99], [2007, 5195, 0.0, 499.99], [2007, 5195, 1.0, 499.99], [2007, 5195, 0.0, 499.99], [2007, 5195, 1.0, 499.99], [2007, 5195, 1.0, 499.99], [2007, 5195, 1.0, 499.99], [2007, 5195, 1.0, 499.99], [2007, 5195, 1.0, 499.99], [2007, 3428, 0.0, 199.99], [2007, 3428, 0.0, 199.99], [2007, 3428, 0.0, 199.99], [2007, 3428, 0.0, 199.99], [2007, 3428, 1.0, 199.99], [2007, 3428, 1.0, 199.99], [2007, 3428, 0.0, 199.99], [2008, 5922, 1.0, 299.99], [2008, 5922, 1.0, 299.99], [2008, 5922, 0.0, 299.99], [2008, 5922, 0.0, 299.99], [2008, 5922, 1.0, 299.99], [2008, 5922, 1.0, 299.99], [2008, 5922, 1.0, 299.99], [2008, 5922, 1.0, 299.99], [2008, 5922, 0.0, 299.99], [2008, 5922, 1.0, 299.99], [2008, 5922, 0.0, 299.99], [2009, 3263, 1.0, 249.99], [2009, 3263, 1.0, 249.99], [2009, 3263, 1.0, 249.99], [2009, 3263, 0.0, 249.99], [2009, 3263, 1.0, 249.99], [2009, 3263, 1.0, 249.99], [2009, 3263, 1.0, 249.99], [2009, 3263, 0.0, 249.99], [2009, 3263, 1.0, 249.99]]

[85.0, 102.5, 77.0, 162.5, 699.99, 602.0, 515.0, 510.0, 375.0, 1050.0, 740.0, 759.0, 730.0, 750.0, 910.0, 1199.99, 811.88, 1324.79, 850.0, 800.0, 810.0, 1075.0, 1050.0, 1199.99, 1342.31, 1000.0, 1780.0, 750.0, 2204.99, 925.0, 860.0, 1199.99, 1099.99, 1149.99, 800.0, 850.0, 469.95, 479.0, 299.99, 369.0, 424.95, 380.0, 305.0, 530.0, 599.95, 510.0, 423.0, 599.99, 589.99, 569.99, 529.99, 500.0, 549.95, 300.0, 380.0, 399.0, 427.99, 360.0, 399.0, 399.95, 499.99, 399.95, 331.51]

步骤4 定义数据标准化函数

```
#数据标准化函数
def standarize(X):
    m, n = X.shape
    values = {}
    #保存每一列的mean和std,便于对预测数据进行标准化
    for j in range(n):
        features = X[:,j]
        meanVal = features.mean(axis=0)
        stdVal = features.std(axis=0)
        values[j] = [meanVal, stdVal]
        if stdVal != 0:
            X[:,j] = (features - meanVal) / stdVal
        else:
            X[:,j] = 0
    return X, values
```

项目1 运用线性回归算法实现趋势预测

步骤5 定义线性回归模型

```python
def h(theta, X):
    #定义模型函数
    return np.dot(X, theta)  #此时的X为处理后的X
```

步骤6 定义损失

采用均方误差。

```python
def J(theta, X, Y):
    # 样本个数
    m = len(X)
    #代价函数,均方误差
    return np.sum (np.dot((h(theta,X) - Y).T, (h(theta,X) - Y))/(2 * m))
```

步骤7 梯度下降更新过程

```python
def bgd(alpha, X, Y, maxloop, epsilon):
    m, n = X.shape
    #输入数据的形状
    theta = np.zeros((n,1))
    #初始化参数为0
    count = 0
    #记录迭代次数
    converged = False
    #模型是否已经收敛的标志
    cost = np.inf
    #初始化模型代价(损失)为无穷大
    costs = [J(theta, X, Y),]
    # 记录每一次迭代的代价值
    thetas = {}
    #记录每一次参数的更新
    for i in range(n):
        thetas[i] = [theta[i,0],]
    while count <= maxloop:
        if converged:
            break
        count += 1
        theta = theta - alpha * 1.0 / m * np.dot(X.T, (h(theta, X) - Y))
        # 参数更新
        for j in range(n):
```

```
            thetas[j].append(theta[j,0])
            #将更新的参数记录到 thetas 中
            cost = J(theta, X, Y)
            #计算当前参数时模型的代价值,记录到 costs 中
            costs.append(cost)
            if abs(costs[-1] - costs[-2]) < epsilon:
                converged = True
    return theta, thetas, costs
```

步骤8 开始训练

调用上述数据标准化函数,设置训练过程中的学习率、最大迭代次数、误差阈值,开始训练,然后输出模型参数。

```
Y = np.array(lgY).reshape(-1,1)
X, values = standarize(np.array(lgX).copy())
m, n = X.shape
#将第一列为1的矩阵,与原X相连,m行一维值为1扩充到X
print(X.shape, Y.shape)
X = np.concatenate((np.ones((m,1)), X), axis=1)
#学习率
alpha = 0.1
#最大迭代次数
maxloop = 2000
#收敛判断条件
epsilon = 0.01
result = bgd(alpha, X, Y, maxloop, epsilon)
#最优参数保存在 theta 中
#costs 保存每次迭代的代价值,thetas 保存每次迭代更新的 theta 值
theta, costs, thetas = result
print('模型参数 theta 如下:\n',theta)    # 到此,参数学习出来了,模型也就定下来了
```

运行结果如下所示。

```
(63, 5) (63, 1)
模型参数 theta 如下:
[[685.39761904]
 [-59.66223869]
 [-36.71790432]
 [ -5.6123785 ]
 [350.28414739]]
```

项目1　运用线性回归算法实现趋势预测

步骤9　模型预测

使用线性回归模型,对任意特征的乐高玩具进行价格预测。如乐高年限、套装数量、是否全新、原价是(2022、3200、0、250),预测售价。

```
lg_year = 2022
lg_num = 3100
lg_new = 0
lg_oricost = 250.0
normalized1 = (lg_year - values[0][0])/values[0][1]
normalized2 = (lg_num - values[1][0])/values[1][1]
normalized3 = (lg_new - values[2][0])/values[2][1]
normalized4 = (lg_oricost - values[3][0])/values[3][1]
predicateX = np.matrix([[1, normalized1,normalized2, normalized3,normalized4]])
print('2022年的乐高、套装数量3200、非全新、原价是250,预测售价为:',h(theta, predicateX))
```

运行结果如下所示。

```
2022年的乐高、套装数量3200、非全新、原价是250,预测售价为: [[446.11336434]]
```

习　题

1. 在估计线性回归模型时,可以将总平方和分解为回归平方和与残差平方和,其中回归平方和表示(　　)。

　　A. 被解释变量的变化中可以用回归模型解释的部分

　　B. 被解释变量的变化中未被回归模型解释的部分

　　C. 解释变量的变化中可以用回归模型解释的部分

　　D. 解释变量的变化中未被回归模型解释的部分

2. 针对"任务1-5　线性回归预测乐高价格",请对开始训练部分代码进行修改。参考步骤如下:

步骤1　定义多个不同的学习率取值;

步骤2　可视化在不同的学习率取值的情况下,平均误差与均方误差随着梯度下降的变化;

步骤3　讨论学习率的取值为多少最合适,为什么?

项目 2 运用 k-近邻算法实现分类预测

2.1 项目导入

分类问题在人们生活中很常见。如一部电影属于什么类型：喜剧片、爱情片或者恐怖片等。再如如果今天下雨，小艾会选择什么样的交通工具去上班：开车、走路、骑车、乘坐公共交通等。而机器学习中 k-近邻算法是解决分类问题的算法之一，且 k-近邻也是机器学习的入门级算法，简单易懂。在本项目中，将会和小艾一起，使用 k-近邻算法解决上面提到的一些分类问题，从而熟练应用 k-近邻算法。

2.2 项目目标

（1）掌握 k-近邻、交叉验证、欧氏距离等概念。
（2）熟悉 k-近邻算法的工作原理。
（3）掌握离散目标的建模与预测
（4）能够应用 k-近邻解决分类问题。
（5）能够应用 k-近邻解决回归问题。

2.3 知识导入

2.3.1 k-近邻概念

视频
k-近邻算法应用的介绍

k-近邻（k-Nearest Neighbor，kNN）算法是机器学习算法中最简单，也是相对特别的一个算法，因为算法本身没有一般意义上的学习或训练过程。kNN 算法既可以处理分类问题，也可以处理回归问题。它通过计算样本特征值之间的距离进行分类或回归。

假设有一堆样本点，类别已知，如图 2-1 所示，实心圆圈为一类，空心圆圈为另一类。现在有个新样本点,也就是图中的 x,需要判断它属于哪一类。

kNN 的目标就是选出距离目标点 x 距离最近的 k 个点,看这 k 个点的大多数属于哪一类。

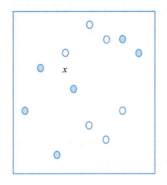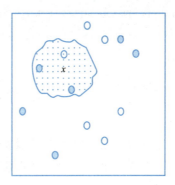

图 2-1 kNN 分类举例

如图 2-1 所示,k 选择 3,x 最近的 3 个点中,有 2 个是实心,1 个是空心,则根据多数表决法判定 x 的类别也是实心。

2.3.2 k-近邻分类算法

1. 算法流程

输入:训练集 $T=\{(x_1,y_1),(x_2,y_2),\cdots,(x_m,y_m)\}$,其中 $x_i=\{x_i^1,x_i^2,\cdots,x_i^n\}$ 为第 i 个训练样本,$i=1,2,\cdots,m$;$y_i\in\{c_1,c_2,\cdots,c_r\}$ 为 x_i 对应的类别标签。

输出:待预测实例 x_j 所属的类别 y_j。

(1)根据选定的 k 值,选择一种合适的距离度量方式,遍历训练集中所有样本点,找到实例 x_j 的 k 个最近邻点 x_q,$q=1,2,3,\cdots,k$。

(2)根据多数表决法决定实例 x_j 所属类别 y_j。

2. 距离度量

空间中点距离有好几种度量方式,如常见的曼哈顿距离计算、欧式距离计算等。通常 kNN 算法中使用的是欧式距离。多维空间两个点的欧式距离计算公式如下:

$x_i=\{x_i^1,x_i^2,\cdots,x_i^n\}$,$x_j=\{x_j^1,x_j^2,\cdots,x_j^n\}$

式中,$i,j=1,2,3,\cdots,m$ 表示样本数;n 表示特征数。

$$\text{dist}_{ed}(x_i,x_j)=\sqrt{\sum_{\mu=1}^{n}|x_i^\mu-x_j^\mu|^2}$$

kNN 算法最简单的就是将预测点与所有点的距离进行计算,然后保存并排序,选出前面 k 个样本的类别,根据多数表决法判定预测点的类别。

```
#根据代码示例计算向量[3,2,1]、[1,2,3]之间的欧式距离
import numpy as np
```

```
vec1 = np.array([3,2,1])
vec2 = np.array([1,2,3])
dist = np.sqrt(np.sum(np.square(vec1 - vec2)))
print(dist)
```

运行结果如下所示。

2.8284271247461903

3. 确定 k 的取值

如图 2-2 所示，正方形的点是预测点，假设 $k=3$，那么 kNN 算法就会找到与它距离最近的三个点，也就是虚线圆圈中的三个点，其中三角形比圆圈多一些，新来的正方形就归类到三角形了。

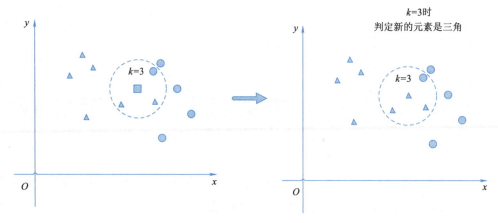

图 2-2 $k=3$ 分类结果

但是，如图 2-3 所示，当 $k=5$ 的时候，判定就不一样了。这次变成圆圈比三角形多一些，所以新来的正方形被归类到圆圈。从这个例子中，就能看得出 k 的取值很重要。

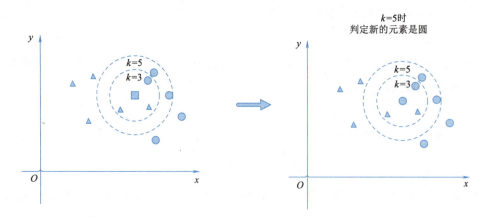

图 2-3 $k=5$ 分类结果

那么该如何确定 k 的取值呢？

在应用中，k 值一般先取一个较小的数值，采用交叉验证法选取最优的 k 值。

2.3.3 交叉验证

交叉验证是一种模型的验证技术,用于评估一个模型在独立数据集上的概括能力。主要应用于在使用机器学习模型进行预测时,衡量一个模型在实际使用数据集上的效果。具体来说就是将整个数据集划分为若干部分,一部分用来训练模型、一部分用来测试最终模型的优劣、一部分验证模型结构和超参数。

1. 交叉验证的作用

(1)有效评估模型的质量。
(2)有效选择在数据集上表现最好的模型。
(3)有效避免过拟合和欠拟合。

欠拟合(Underfitting)可以简单理解为模型不能很好地拟合训练集的主要特征,在训练集及测试集上的效果都很差。

过拟合(Overfitting)可以简单理解为模型过度拟合了训练集的特征,模型在训练集上有非常好的表现,但在测试集上的表现很差。

2. k 折交叉验证法

当没有足够多的数据用于训练模型时,还要划分数据的一部分进行验证会导致得到模型欠拟合。因此,需要一种方法提供样本集训练模型并且留一部分数据集用于验证模型,因此提出 k 折交叉验证(k-Flod),此处的 k 要和 kNN 中的参数 k 区分开来。

具体来说,先将数据集打乱,然后再将打乱后的数据集均匀分成 k 份,轮流选择其中的一份作验证,剩下的 $k-1$ 份作为训练集,计算模型的误差平方和。迭代进行 k 次后将 k 次的误差平方和取平均作为选择最优模型的依据。

k 折交叉验证在进行 k 次交叉验证之后,使用 k 次平均成绩作为整个模型的得分。每个数据在验证集中出现一次,并且在训练中出现 $k-1$ 次。这将显著减少欠拟合,因为使用了数据集中的大多数数据进行训练,同时也降低了过拟合的可能,因为也使用了大多数数据进行模型验证。如果训练数据集相对较小,则增大 k 值。增大 k 值,在每次迭代过程中将会有更多的数据用于模型训练,能够得到最小偏差,同时算法时间延长。且训练块间高度相似,导致评价结果方差较高。

如果训练集相对较大,则减小 k 值。减小 k 值,降低模型在不同数据块上进行重复拟合性能评估的计算成本,在平均性能的基础上获得模型的准确评估。

3. 留一交叉验证法

留一交叉验证法是 k 折交叉验证的一个特例。将数据子集划分的数量等于样本数($k=n$),每次只有一个样本用于测试,数据集非常小时,建议用此方法。

在 kNN 中,通过交叉验证,可以得出最合适的 k 值。基本思路就是把可能的 k 逐个尝试一遍,然后通过交叉验证方法评估每个 k 时模型的预测准确率,最终选出效果最好的 k 值。

2.3.4 k-近邻回归

kNN 不仅可以解决分类问题,还可以解决回归问题。当用于回归时,基本原理和分类是一致的,需要考虑三个因素:k 值的选择、距离度量方法、回归决策规则。

1. 回归决策规则

首先找到待预测实例 x_j 的 k 个最近的训练样本 $x_q, q = 1,2,3,\cdots,k$,将 k 个最近邻训练样本实例 x_q 的输出值 y_q 的平均值作为待预测实例 x_j 的值。表达式为

$$y_j = \frac{1}{k}\sum_{q=1}^{k} y_q$$

2. 算法流程

输入:训练集 $T = \{(x_1,y_1),(x_2,y_2),\cdots,(x_m,y_m)\}$,其中 $x_i = \{x_i^1, x_i^2, \cdots, x_i^n\}$ 为第 i 个训练样本,$i = 1,2,\cdots,m$,$y_i \in \mathbf{R}$ 为 x_i 对应的值。

输出:待预测实例 x_j 对应的值 y_j。

(1)根据选定的 k 值,选择一种合适的距离度量方式,遍历训练集中所有样本点,找到实例 x_j 的 k 个最近邻点 $x_q, q = 1,2,3,\cdots,k$。

(2)根据取平均规则决定实例 x_j 对应的值 y_j,即 $y_j = \frac{1}{k}\sum_{q=1}^{k} y_q$。

2.4 项目实施

任务 2-1　k-近邻识别数字验证码

1. 测一测

① kNN 在训练集中找目标样本最近的 k 个样本时可以采用_____计算方式。
② kNN 既可以解决_____问题,又可以解决_____问题。
③ kNN 是有监督还是无监督方法?_____。
④ kNN 处理分类问题时,如何决定目标样本的类别?
_____;
⑤ 对于一个有 n 个样本的数据集,kNN 分_____类可以最小化损失函数。

2. 实训步骤

在网络应用中,为了保护用户账户的安全和防止恶意行为,常常会采用验证码作为一种验证机制。验证码通常由一串随机生成的字符或数字组成,以图像的形式呈现给用户。假设有一个网站,用户在注册或登录时需要输入一个验证码。验证码以图片的形式展示,其中包含了一些扭曲、干扰或噪声,增加了识别的难度。如何使用机器学习算法识别这些验证码?

步骤 1　解压数据集

```
!unzip -d ./data-sets ./data-sets/train.zip
!unzip -d ./data-sets ./data-sets/test.zip
```

步骤2 导入所需要的包

```
#导入包
import operator
from os import listdir
from numpy import *
from PIL import Image
```

步骤3 将图片转换为一维数组

本步骤将表示图像数据的二维数组转换为一维数组。

```
def encode_img(im):
    #把图片转换为一维数组
    width = im.size[0]
    height = im.size[1]
    img_encoding = []
    for i in range(0, width):
        for j in range(0, height):
            cl = im.getpixel((i, j))
            clall = cl[0] + cl[1] + cl[2]
            if(clall = = 0):          #黑色
                img_encoding.append(1)
            else:
                img_encoding.append(0)
    array_img = array(img_encoding)
    return array_img
```

步骤4 获取训练数据

数据集中共有10个数字,即0~9,则labels为标签,代表0~9共10个类别;返回值是图像的特征值和标签。

```
def traindata(datadir):
    labels = []
    #labels代表种类的意思,一共有10类,即数字从0~9
    trainfile = listdir(datadir)
    num = len(trainfile)
    trainarr = zeros((num, 200))
    #trainarr是初始化为0的高为num,宽为200的矩阵(二维数组)
    for i in range(num):
        thisfname = trainfile[i]
```

```
            thislabel = thisfname.split('_')[0]
            labels.append(thislabel)
            #pdb.set_trace()
            trainarr[i, :] = loadtxt(datadir + '/' + thisfname)
        return trainarr, labels
```

步骤5 实例化一个分类器

这里手动实现 kNN 分类器,其中:

testdata:测试数据,一维数组。

traindata:训练数据,二维数组。

labels:一维列表,与 traindata 一一对应。

这里首先计算测试数据与训练数据的距离,再计算测试数据到各个训练数据的距离,并按照从近到远排序,最终得到测试数据最近的 k 个训练数据的类别。

```
    def knn(self, k, testdata, traindata, labels):
        #以下 shape 取的是训练数据的第一维,即其行数,也就是训练数据的个数
        traindatasize = traindata.shape[0]
        dif = tile(testdata, (traindatasize, 1)) - traindata
        #tile()函数用于将一维的测试数据转为与训练数据一样的行和列的格式
        sqdif = dif * * 2
        sumsqdif = sqdif.sum(axis = 1)
        #axis = 1,横向相加的意思
        #sumsqdif 此时为一维
        distance = sumsqdif * * 0.5
        sortdistance = distance.argsort()
        #sortdistance 为测试数据到各个训练数据的距离按由近到远排序之后的结果
        count = {}
        for i in range(k):
            vote = labels[sortdistance[i]]
            #sortdistance[i]测试数据最近的 k个训练数据的下标
            #vote 测试数据最近的 k个训练数据的类别
            count[vote] = count.get(vote, 0) + 1
        sortcount = sorted(
            count.items(), key = operator.itemgetter(1), reverse = True)
        return sortcount[0][0]
```

步骤6 对训练好的估计器进行预测

首先将一张图像切分为五部分,每一部分都调用一次 kNN 算法;最终预测出 5 个数字验证码。

项目 2　运用 k-近邻算法实现分类预测

```
def recognize_code(img_path):
    img = Image.open(img_path)
    img = img.convert('RGB')
    code = []
    for i in range(5):
        #把图片切分成五部分,每一部分都调用一次 kNN 算法
        region = (i* 10 -3.2, 0, 10 + i* 10 -3.2,20)
        #3.2 是测试出来的
        cropImg = img.crop(region)
        img_array = encode_img(cropImg)
        trainarr, labels = traindata('./data - sets/train/data')
        number = knn(6, img_array, trainarr, labels)
        code.append(number)
    return"".join(code)
code = recognize_code('./data - sets/test/test3.jpg')
print(code)
```

结果如下:

'22172'

习　题

1. 对于较大的 k 值,k 最近邻模型变为(　　)和(　　)。

　　A. 复杂模型,过拟合　　　　　　B. 复杂模型,欠拟合

　　C. 简单模型,欠拟合　　　　　　D. 模型简单,过拟合

2. 针对"任务 2-1　k-近邻算法识别数字验证码",完成对数据集中任一幅图像的显示。参考步骤如下:

　　步骤 1　将训练数据以散点图的形式进行绘制;

　　步骤 2　每个点根据不同的分类附上不同的颜色。

任务2-2　　k-近邻算法预测出行方式

kNN预测
出行方式

1. 测一测

①kNN 是否属于惰性学习?_____。
②kNN 算法中比较关键的参数是_____。
③sklearn 工具中封装了用于 kNN 分类的是_____类。
④调节最好的 k 值,可以采用_____方法。
⑤离散特征一般需要先做什么处理_____。

2. 实训步骤

小艾每天上班的出行方式有三种：开车、乘坐地铁、步行。这三种不同出行方式的选择主要依据以下几个因素：前一天晚上是否加班、天气状况如何、今早起床时间早或晚。小艾为了每天能够节省时间同时又能选择最优的出行方式，他希望能把这件事交给自己的小助理，让小助理帮助自己做最优选择，每天给出推荐的出行方式。于是，他做了近两个月的数据记录。那么该任务的目标就是基于该数据，赋予小助理这个能力，训练一个自动推荐出行方式的模型。从而根据某一天的实际情况，预测一个对小艾来说更合适的出行方式。

步骤1 导入包

导入该项目所需要的 Python 包，NumPy、Pandas、sklearn 中的 KNeighborsClassifier、train_test_split、LabelEncoder、OneHotEncoder、accuracy_score。

```python
#切分数据集为训练集和测试集
from sklearn.model_selection import train_test_split
#计算分类预测的准确率
from sklearn.metrics import accuracy_score
#标签化与独热编码
from sklearn.preprocessing import LabelEncoder,OneHotEncoder
# kNN 分类器
from sklearn.neighbors import KNeighborsClassifier
#数据处理包
import numpy as np
#数据分析包
import pandas as pd
```

步骤2 读取数据

通过一个函数进行文件读取，主要包括打开文件，遍历文件中的每一行内容，将每一行的内容根据逗号进行分割，将除了最后一列以外的数据加入特征集，将最后一列二点数据加入标签集。

```python
#加载读取数据集函数:加载文件,将特征 feature 存在 X 中,结果 y 存在 Y 中
def loadDataSet(filename):
    #打开 csv 文件
    f = open(filename,'r',encoding ='gbk')
    x = []
    y = []
    #遍历每一行
    for i, d in enumerate(f):
        #忽略第一行,因为是列名
```

```
            if i = = 0:
                continue
            #删除该行前后多余空格
            d = d.strip()
            #如果该行为空,则跳过
            if not d:
                continue
            #根据',',分割,并转为list数据类型
            d = list(map(str, d.split(',')))
            x.append(d[1:-1])        #第1列至倒数第2列放到特征列表
            y.append(d[-1])          #最后一列放到标签列表
    #输出特征与标签
    return np.array(x), np.array(y)
#调用上面的函数,获得数据的特征与标签
X, Y = loadDataSet('data-sets/2chuxing.csv')
print(X, Y)
```

运行结果如下所示。

[[['没加班' '不好' '正常']   ['加班' '好' '正常']
 ['加班' '好' '晚起']   ['加班' '好' '晚起']
 ['没加班' '好' '正常']   ['没加班' '好' '正常']
 ['没加班' '好' '晚起']   ['没加班' '不好' '提前']
 ['加班' '不好' '提前']   ['没加班' '不好' '提前']
 ['没加班' '不好' '提前']   ['加班' '不好' '提前']
 ['加班' '好' '正常']   ['加班' '好' '正常']
 ['加班' '好' '晚起']   ['加班' '好' '提前']
 ['加班' '好' '提前']   ['加班' '好' '正常']
 ['没加班' '不好' '正常']   ['没加班' '不好' '晚起']
 ['没加班' '不好' '晚起']   ['没加班' '不好' '晚起']
 ['没加班' '好' '晚起']   ['没加班' '好' '提前']
 ['没加班' '好' '提前']   ['加班' '好' '正常']
 ['加班' '好' '提前']   ['加班' '不好' '提前']
 ['加班' '好' '晚起']   ['没加班' '不好' '晚起']
 ['没加班' '好' '正常']   ['没加班' '好' '正常']
 ['加班' '不好' '提前']   ['加班' '不好' '晚起']
 ['没加班' '不好' '晚起']   ['没加班' '不好' '正常']

['没加班' '不好' '晚起']　　　　　　　　['加班' '不好' '晚起']
['没加班' '好' '正常']　　　　　　　　['加班' '好' '提前']
['加班' '不好' '提前']　　　　　　　　['没加班' '不好' '提前']
['没加班' '好' '提前']　　　　　　　　['加班' '好' '正常']
['加班' '不好' '正常']　　　　　　　　['加班' '不好' '正常']
['加班' '好' '正常']　　　　　　　　　['没加班' '好' '晚起']
['没加班' '好' '提前']　　　　　　　　['没加班' '不好' '提前']]

['地铁' '地铁' '开车' '开车' '地铁' '开车' '开车' '步行' '地铁' '步行' '步行' '地铁' '步行' '开车'
'步行' '地铁' '地铁' '步行' '步行' '开车' '地铁' '开车' '开车' '地铁' '地铁' '步行' '步行' '地铁'
'地铁' '地铁' '开车' '地铁' '地铁' '开车' '开车' '地铁' '地铁' '地铁' '步行' '开车' '开车' '步行'
'地铁' '地铁' '步行' '地铁' '步行' '地铁' '地铁' '开车']

步骤 3 数据预处理

从以上输出可以发现特征与标签都是文字,计算机对此无法直接进行处理,所以需要对数据进行预处理操作。实例化一个独热编码器,将数据放进去进行转换,就可以将文本数据转换为数值。

```
enc = OneHotEncoder()
enc.fit(X)
x = enc.transform(X).toarray()
#进行独热编码转换
Y = LabelEncoder().fit_transform(Y)
#进行标签编码转换
print(x)
print(Y)
```

运行结果如下所示。

```
x:
array([[0., 1., 1., 0., 0., 0., 1.],
       [1., 0., 0., 1., 0., 0., 1.],
       [1., 0., 0., 1., 0., 1., 0.],
       [1., 0., 0., 1., 0., 1., 0.],
       [0., 1., 0., 1., 0., 0., 1.],
       [0., 1., 1., 0., 0., 0., 1.],
       [0., 1., 0., 1., 0., 1., 0.],
       [0., 1., 1., 0., 1., 0., 0.],
       [1., 0., 1., 0., 1., 0., 0.],
```

```
[0., 1., 1., 0., 1., 0., 0.],
[0., 1., 1., 0., 1., 0., 0.],
[1., 0., 1., 0., 1., 0., 0.],
[1., 0., 0., 1., 0., 0., 1.],
[1., 0., 0., 1., 0., 0., 1.],
[1., 0., 0., 1., 0., 1., 0.],
[1., 0., 0., 1., 1., 0., 0.],
[1., 0., 0., 1., 1., 0., 0.],
[1., 0., 0., 1., 0., 0., 1.],
[0., 1., 1., 0., 0., 0., 1.],
[0., 1., 1., 0., 0., 1., 0.],
[0., 1., 1., 0., 0., 1., 0.],
[0., 1., 1., 0., 0., 1., 0.],
[0., 1., 0., 1., 0., 1., 0.],
[0., 1., 0., 1., 1., 0., 0.],
[0., 1., 0., 1., 1., 0., 0.],
[1., 0., 0., 1., 0., 0., 1.],
[1., 0., 0., 1., 1., 0., 0.],
[1., 0., 1., 0., 1., 0., 0.],
[1., 0., 0., 1., 0., 1., 0.],
[0., 1., 1., 0., 0., 1., 0.],
[0., 1., 0., 1., 0., 0., 1.],
[0., 1., 0., 1., 0., 0., 1.],
[1., 0., 1., 0., 1., 0., 0.],
[1., 0., 1., 0., 0., 1., 0.],
[0., 1., 1., 0., 0., 1., 0.],
[0., 1., 1., 0., 0., 0., 1.],
[0., 1., 1., 0., 0., 1., 0.],
[1., 0., 1., 0., 0., 1., 0.],
[0., 1., 0., 1., 0., 0., 1.],
[1., 0., 0., 1., 1., 0., 0.],
[1., 0., 1., 0., 1., 0., 0.],
[0., 1., 1., 0., 1., 0., 0.],
[0., 1., 0., 1., 1., 0., 0.],
[1., 0., 0., 1., 0., 0., 1.],
[1., 0., 1., 0., 0., 0., 1.],
[1., 0., 1., 0., 0., 0., 1.],
[1., 0., 0., 1., 0., 0., 1.],
```

```
          [0.,1.,0.,1.,0.,1.,0.],
          [0.,1.,0.,1.,1.,0.,0.],
          [0.,1.,1.,0.,1.,0.,0.]])
Y:
[0 0 1 1 0 1 1 2 0 2 2 0 2 1 2 0 0 2 2 1 0 1 1 0 0 2 2 0 0 0 1 0 0 1 1 0 0 0 2 1 1 2 0 0 2 0 2 0 0 1]
```

步骤 4　划分数据集

为了评估模型的有效性,将一部分数据拿出来作为模型训练,另一部分用来进行模型测试。

```
#划分训练集和测试集
x_train,x_test,y_train,y_test = train_test_split(x, Y, test_size = 0.25,random_state = 33)
```

步骤 5　构建 kNN 模型

处理完数据,接下来构建与训练一个 $k=5$ 的 kNN 模型。

```
#实例化一个 kNN 对象
knn = KNeighborsClassifier(n_neighbors = 5)
#调用 fit()函数拟合训练集
knn.fit(x_train,y_train)
```

运行结果如下所示。

```
KNeighborsClassifier()
```

步骤 6　kNN 模型单样本测试

模型训练完成以后,即可根据实际数据做出预测。如小艾昨晚加班了,今天天气挺好的,也提前起床了,那么 kNN 模型基于此就会做出预测:今天推荐开车上班。

```
#测试
newX = np.array([['加班','好','提前']])
#输入数据转为 numpy 矩阵
newX = enc.transform(newX).toarray()
#根据不同的预测类型打印输出
if knn.predict(newX) == =0:
    print('今天推荐选择开车上班')
elif knn.predict(newX) == =1:
    print('今天推荐选择乘坐地铁上班')
else:
    print('今天推荐选择步行上班')
```

运行结果如下所示。

今天推荐选择开车上班

步骤7 kNN 模型测试集评估

如何知道 $k=5$ 的模型是最合适的呢？接下来，调节多种 k 的取值：1，3，5，…，15，观察模型在测试集上的整体准确率。

```
#考虑不同的 k 取值
#保存结果 list
result_list = []for k in range(1,15,2):
    #二元分类一般需要规定步长为 2
    knn.n_neighbors = k
    #传入测试数据，并做预测
    y_pred = knn.predict(x_test)
    #求出预测准确率
    accuracy = accuracy_score(y_test, y_pred.flatten())
    #打印预测值与真实值
    print('真实值:',y_test)
    print('预测值:',y_pred.flatten())
    #将分类数量与准确率保存到结果列表
    result_list.append([k, accuracy])
#新建 dataframe,保存结果列表,以表格形式查看结果
df = pd.DataFrame(result_list, columns = ['k','预测准确率'])
df
```

运行结果如下所示。

真实值: [1 0 0 0 1 0 0 2 0 0 0 1 2]
预测值: [1 0 1 1 0 2 1 0 0 2 1 1 0]
真实值: [1 0 0 0 1 0 0 2 0 0 0 1 2]
预测值: [0 0 1 0 0 2 0 0 0 1 1 1 0]
真实值: [1 0 0 0 1 0 0 2 0 0 0 1 2]
预测值: [0 0 0 0 0 0 0 0 1 1 1 1 0]
真实值: [1 0 0 0 1 0 0 2 0 0 0 1 2]
预测值: [0 0 0 0 0 0 0 2 2 0 1 1 2]
真实值: [1 0 0 0 1 0 0 2 0 0 0 1 2]
预测值: [0 2 0 0 2 0 0 2 2 1 1 1 2]
真实值: [1 0 0 0 1 0 0 2 0 0 0 1 2]
预测值: [0 0 1 0 0 0 0 0 1 1 1 1 0]
真实值: [1 0 0 0 1 0 0 2 0 0 0 1 2]

预测值：[0 2 0 0 2 0 0 2 2 1 1 1 2]

	k	预测准确率
0	1	0.307692
1	3	0.384615
2	5	0.461538
3	7	0.692308
4	9	0.538462
5	11	0.384615
6	13	0.538462

习题

1. 以下关于 k-近邻算法的说法中正确的是(　　)。
   A. k-近邻算法不可以用来解决回归问题
   B. 随着 k 值的增大，决策边界会越来越光滑
   C. k-近邻算法适合解决稀疏数据上的问题
   D. 相对 3 近邻模型而言，1 近邻模型的偏差更大，方差更小
2. 使用 sklearn 库中的鸢尾花数据集，构建 kNN 模型实现鸢尾花的 3 分类。

k-近邻——草莓果实分拣

任务 2-3　　k-近邻预测草莓甜不甜

1. 测一测

①kNN 算法中的一个关键参数是。含义是？_____
_____。
②kNN 找到最优 k 的一般方式是 _____
③kNN 算法中距离计算除了欧氏距离还有？_____。
④数据归一化的处理方法？如最大最小归一化：
_____
⑤为什么这个算法取名为 k-近邻？_____。

2. 实训步骤

草莓果酱工厂在加工草莓的时候，希望区分甜草莓和没成熟的草莓以提高果酱的口感，如外皮和根部都是红色的草莓，会相对甜一些；而只有上部分是红色，底部则是白色或青色的草莓，口感会差一些。

实际上，草莓甜不甜，不光要考虑这些因素，还要考虑草莓产地、个头大小、日照长度等因素。如果想直接根据这些复杂因素判定一个草莓甜不甜，显然做不到。如果能获取到相关数据，就可以让机器学习这些复杂因素与草莓甜度之间的关系，从而对于任意多种可能的草莓，机器都可以

依据对以前草莓数据的学习,判断该草莓甜不甜。现在使用 k-近邻算法对草莓甜不甜进行分拣。

步骤1 导入包

导入相关的库,在本案例中,需要从 sklearn 的 neighbors 模块中导入线性 kNN 方法。把所有数据划分为训练集和测试集,需要用到 train_test_split、StandardScaler 方法等。

```
import numpy as np
#科学计算库
from sklearn.model_selection import train_test_split
#数据集划分
from sklearn.preprocessing import StandardScaler
#标准化
from sklearn.neighbors import KNeighborsClassifier
#kNN 分类器
from sklearn.model_selection  import cross_val_score
#计算交叉验证的准确率
import pandas as pd
#数据分析库
import matplotlib.pyplot as plt
#绘图库
```

步骤2 获取数据

草莓数据存放在 ./data-sets/StrawBerryAnalysis.csv 中,使用 pd.read_csv 读取数据,并对其做相应的预处理。

(1)读取数据。

```
data = pd.read_csv('./data-sets/StrawBerryAnalysis.csv')
#从路径中读取数据
data.head()
#显示数据的前五行
```

运行结果如下所示。

	id	Production area	Sunshine length	Day and night temperature difference	Rainfall	Individual size	color	Class
0	1	643	12	15	144	57	1	0
1	2	2048	12	11	96	80	0	0
2	3	922	8	13	141	31	1	0
3	4	74	11	14	156	75	1	0
4	5	1998	6	12	140	71	0	0

上面的输出结果中,各个字段分别表示:样本序号、产地、光照时长、早晚温差、降雨量、个体尺寸、颜色、类别(甜/不甜)。

(2)数据预处理。

数据集的 Class 列表示草莓的类别,属于标签,其他列作为标签;其中,iloc[: , :]行和列的切片以","隔开,前面的冒号是取行数,后面的冒号是取列数。

```
#分离特征与标签
X = data.iloc[:, :-1]        #除了最后一列,全都作为特征
Y = data.iloc[:, -1]         #最后一列作为草莓的类别
X = np.array(X)              #将 DataFrame 格式的数据转换为数组,方便后面计算
Y = np.array(Y)
```

(3)划分数据集。

对数据进行预处理之后,再使用 train_test_split 划分训练集和测试集,设置测试集比例为 0.2,并设置随机种子为 33。

```
x_train, x_test, y_train, y_test = train_test_split(X, Y, random_state=33, test_size=0.2)
#划分测试集和训练集
print(X.shape)
print(x_test.shape)
#查看数据集的形状
```

运行结果如下所示。

```
(21793, 7)
(4359, 7)
```

(4)数据标准化。

划分完数据集之后,需要对数据集进行标准化处理,防止数据维度过大导致结果不准确。

```
STD = StandardScaler()
#实例化一个标准化器
x_train = STD.fit_transform(x_train)
#对训练集进行转换
x_test = STD.transform(x_test)
#对测试集进行转换
```

步骤3 实例化一个分类器

在 sklearn 中,估计器是一个重要角色,分类器和回归器都属于估计器。kNN 中用到的估计器为 KNeighborsClassifier。

KNeighborsClassifier 函数参数说明详见任务 2-1 步骤 3。

```
knn = KNeighborsClassifier()
```

步骤4 模型训练

1. 使用 k 折交叉验证测试模型的准确率

交叉验证是一种常用的验证类准确率的方法,原理是拿出大部分样本进行训练,少量的用于分类器的验证。cross_val_score()函数返回的是交叉验证的准确率,参数有需要使用交叉验证的算法(kNN),样本数据和标签(x_train, y_train),交叉验证折数或可迭代的次数(cv)等;k 折交叉验证的流程如下所示:

(1)将数据集平均划分成 k 等份;
(2)使用 1 份数据作为测试数据,其余作为训练数据;
(3)计算测试准确率;
(4)使用不同的测试集,重复步骤(2)(3);
(5)再将 k 取值为 1~11,探究 k 值对模型的影响。

```python
k_range = range(1, 11)
k_error = []
for k in k_range:
    knn = KNeighborsClassifier(n_neighbors = k)
    #cv 参数决定数据集划分比例,这里是按照 5:1 划分训练集和测试集
    scores = cross_val_score(knn, x_train, y_train, cv = 6, scoring = 'accuracy')
    k_error.append(1 - scores.mean())
```

2. 绘制不同 k 与对应误差的曲线

```python
plt.plot(k_range, k_error)
plt.xlabel('Value of k for kNN')
plt.ylabel('Error')
plt.show()
```

运行结果如下所示。

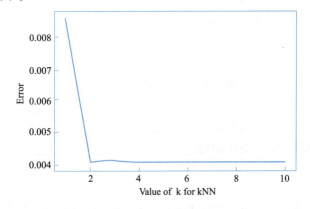

步骤5 选择最优 k 值重新训练并输出准确率

由上一步可知,当 k 取值为 4 时,算法的误差最小,所以选择 $k=4$ 作为最近的邻居个数的值重新训练。

KNeighborsClassifier 类可以调用的方法详见任务 2-1 步骤 5。

```
estimator = KNeighborsClassifier(n_neighbors = 4)
#选择最优 k 值,重新训练模型
estimator.fit(x_train, y_train)
ret = estimator.score(x_test, y_test)
#测试 k = 4 时,kNN 算法在测试集上的准确率
print("准确率是:\n", ret)
```

运行结果如下所示。

```
准确率是:
0.9961000229410415
```

习 题

1. 下列关于 k-近邻模型的说法正确的是(　　)。
   A. 其"训练"过程非常简单,但是"推理"过程计算量比较大
   B. kNN 的性能比其他类型的模型都差
   C. 不适合实时性要求比较高的推理场景
   D. 因为模型机理简单,适合作为初步的模型使用

2. 针对"任务 2-3: k-近邻预测草莓甜不甜",打印 kNN 模型在测试集上的预测结果,并分析 kNN 模型准确率高的原因。

任务 2-4　k-近邻测你有多重

1. 测一测

① kNN 能够处理回归问题? _____。
② kNN 处理回归问题的策略是: _____
_____。
③ sklearn 中用于解决回归问题的 kNN 方法是: _____
_____。
④ sklearn 中最大最小归一化方法是: _____。
⑤ sklearn 中最大最小归一化作用是: _____。

2. 实训步骤

在工作中,大家经常会讨论自己的体重变化,而且不少同事在家里都会放置一个体重秤,用

于每天监测自己的体重情况。小艾一向善于观察和思考,于是他想是否可以通过算法的方式代替体重秤,快速地计算出一个人的体重。他经过一段时间的数据收集,得到了一个小规模的数据集。数据集包含了30人的鞋码、身高、体重信息。根据鞋码、身高,预测对应的体重。

步骤1 导入包

导入必要的包,主要是 sklearn 中的 kNN 回归以及数据归一化。

```
import pandas as pd
from sklearn.neighbors import KNeighborsRegressor
from sklearn.preprocessing import MinMaxScaler
import matplotlib.pyplot as plt
import numpy as np
```

步骤2 获取数据集

(1) 读取数据。

使用 Pandas 的 read_csv() 函数直接读取 csv 格式的数据集;并使用 head() 函数查看数据的前五行。

```
df = pd.read_csv('./data-sets/weight.csv')
df.head()
```

运行结果如下所示。

	ID	foot	height	weight
0	1	32	100	50
1	2	33	119	55
2	3	35	151	76
3	4	30	122	63
4	5	40	163	111

(2) 提取特征和输出。

这里需要从数据表中提取输入特征和输出值。从上表可以看到,"ID"列是序号,"foot"列是鞋码大小,"height"列是身高,"weight"列是体重。所以提取"foot"和"height"列的数据作为特征,提取最后一列"weight"作为输出。

```
#输入特征
X = df.iloc[:,1:3]
#输出值
Y = df.iloc[:,3:4]
```

步骤3 特征归一化

与上一个任务一样,这次的特征:鞋码、身高具体数值不在一个范围内,为了让它们对于模型训练都同等重要,需要对这两个特征变量进行归一化处理。

```
scaler = MinMaxScaler(feature_range = (0, 1))
#调用 sklearn 中最大最小归一化方法
X = scaler.fit_transform(X)
pd.DataFrame(X).head()
#查看处理后的前 5 行数据
```

运行结果如下所示。

	0	1
0	0.133333	0.000000
1	0.200000	0.228916
2	0.333333	0.614458
3	0.000000	0.265060
4	0.666667	0.759036

步骤 4 调用 kNN 回归

调用 sklearn 中的 KNeighborsRegressor 初始化一个回归器,同时给定参数 k 为 4,表示投票时选择距离最近的 4 个样本作为参考。然后调用 fit( )函数训练,并配置参数即上一步提取的特征 X 和输出 Y。

KNeighborsRegressor 类的原型如下:

```
KNeighborsRegressor(n_neighbors = 5, * , weights = 'uniform', algorithm = 'auto',
leaf_size = 30, p = 2, metric = 'minkowski', metric_params = None, n_jobs = None)
```

参数说明如下:

n_neighbors:整数,默认值为 5。用于 kneighbors 查询的邻居数。

weights:{'uniform', 'distance'},默认值为 uniform。预测中使用的权重函数。

algorithm:{'auto', 'ball_tree', 'kd_tree', 'brute'},默认值为 auto。用于计算最近邻的算法。

leaf_size:整数,默认值为 30。叶大小会影响构建和查询的速度,以及存储树所需的内存。

p:整数,默认值为 2。当 p = 1 时,相当于使用 manhattan_distance (l1);当 p = 2 时,则相当于使用 euclidean_distance (l2)。对于任意 p,使用 minkowski_distance (l_p)。

metric:字符串,默认值为 minkowski,用于树的距离度量。

metric_params:字典,默认值为无。度量函数的附加关键字参数。

n_jobs:整数,默认值为无。邻居搜索运行的并行作业数。

```
knn_reg = KNeighborsRegressor(4)
knn_reg.fit(X,Y)
```

运行结果如下所示。

```
KNeighborsRegressor(n_neighbors = 4)
```

步骤 5　kNN 回归测试

(1) 对测试集进行预测并可视化。

调用回归器的 predict( ) 函数可以对任意特征 X 的样本进行预测体重。

```
y_pred = knn_reg.predict(X)
#画图显示预测值和真实值
a = np.arange(len(y_pred)).tolist()
plt.figure(figsize = (18,6))
plt.xlabel('样本')
plt.ylabel('Y值')
plt.plot(a,y_pred,color ='r')      #红色是预测值
plt.plot(a,Y)                      #红色是预测值
plt.show()
```

运行结果如下所示。

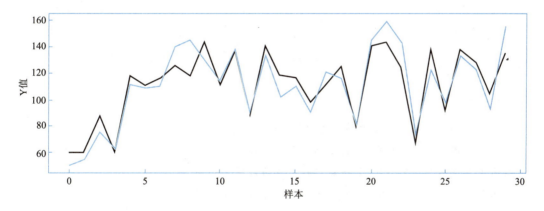

从输出的曲线图可以看到，双色为真实体重，黑色为 kNN 模型预测体重，整体趋势基本一致，在具体样本上还存在一定的误差。

(2) 评估整体拟合效果。

```
knn_reg.score(X,Y)
```

运行结果如下所示。

```
0.8540939873785998
```

(3) 任意样本测试。

运行代码，在代码块的下方将出现一个交互面板，根据面板中的控件提示，依次在文本框中输入测试样本的特征值，输入完后按【Enter】键，即可看到模型预测的体重。如输入鞋码为 37 码，身高为 165 厘米，预测其体重为 110.75 斤。

```
#该代码主要用于交互演示,无须掌握
```

```
import ipywidgets as wg
def testModel(foot,height):
    result = float(knn_reg.predict(scaler.transform(
                [[float(foot),float(height)]])))
    print('        \n预测你有: '+str(result) +' 斤！')
widget_list = wg.interactive(testModel,foot =
        wg.Text(value ='39',description ='鞋码欧码:',
        placeholder ='范围 10 - 50',continuous_update =False),
        height =wg.Text(value ='160',description ='身高 cm:',
        placeholder ='范围 50 - 220',continuous_update =False))
display(wg.Box(children =[widget_list],layout =wg.Layout(display
        ='flex',flex_flow ='column',border ='2px solid orange',
        align_items ='center',width ='100% ',height ='100% ')))
```

运行结果如下所示。

| 鞋码欧码: | 37 |
| 身高cm: | 165 |

预测你有: **110.75** 斤！

习 题

1. 使用 k-近邻算法预测某大学生的学习成绩。

以下是数据集中的一些样本(特征和学习成绩)：

样本 1：学习时间 =5 小时，出勤率 =90%，学习成绩 =85 分

样本 2：学习时间 =3 小时，出勤率 =80%，学习成绩 =70 分

样本 3：学习时间 =6 小时，出勤率 =95%，学习成绩 =90 分

现在需要预测某大学生的学习成绩，其特征为：学习时间 =4 小时，出勤率 =85%。

使用 k-近邻算法，当 k =3 时，预测该学生的学习成绩是多少分？

2. 使用鸢尾花数据集，通过 k 折交叉验证找到 kNN 中的最佳 k 值。参考步骤如下：

步骤 1　导入相关的 Python 工具包；

步骤 2　加载数据；

步骤 3　实现五折交叉验证。

项目 3 运用逻辑回归算法实现概率预测

3.1 项目导入

小艾是一个好奇心很强的人。他的脑子里装着十万个为什么,如空气净化器是如何知道家里有人,从而调整室内环境的;家里红酒的质量如何;自己升学成功的概率是多少等。而这些问题,都可以通过逻辑回归来解决。逻辑回归也是机器学习中解决分类问题的算法之一,该项目将以逻辑回归为核心展开。

3.2 项目目标

(1)了解 Sigmoid、概率分布、交叉熵损失等概念。
(2)熟悉逻辑回归算法的工作原理。
(3)能够实现逻辑回归解决分类问题。
(4)了解智能家居数据,掌握室内环境调整原理。
(5)通过信贷记录,使用逻辑回归模型预测是否按时还款。

3.3 知识导入

3.3.1 逻辑回归概念

假设今天小艾用叫餐软件点了一份外卖,同时他有软件上所有订单信息、订单高峰期、天气、外卖员、商家等信息,根据这些信息预测今天的外卖能否准时送达。结果记为 y,准时送达标记为 1,超时送达标记为 0,而以往订单中的相关信息作为特征 x,这可以看作一个二分类问题,用逻辑回归算法来解决。从这个例子可以看出,逻辑回归算法的输出 $y \in [0,1]$ 是个离散值,这是与线性回归算法的最大区别。

视频

逻辑回归算法的介绍

如表 3-1 所示,线性回归处理的问题是连续型输入变量与输出变量的预测问题,而逻辑回归是有限个离散型输出变量的预测问题。

表 3-1　逻辑回归与线性回归的区别

区别	类型	变量	假设	应用
逻辑回归	分类	连续	服从伯努利分布	判断西瓜是否为好瓜
线性回归	回归	离散	服从高斯分布	预测一个西瓜的质量

逻辑回归以线性回归为理论支持,引入了 Sigmoid 函数,值域为 $(0,1)$,可对应概率值,从而处理分类问题。或者说在线性回归中得到一个预测值,再将该值映射到 Sigmoid 函数中,这样就完成了由值到概率的转换,依据概率的大小作出分类结果。

伯努利分布:一种离散分布,如生一次孩子,生男孩子的概率为 p,生女孩子的概率为 $1-p$,这个就是伯努利分布。

高斯分布:如果一个指标并非受到某一因素的决定作用,而是受到综合因素的影响,那么这个指标分布呈高斯(正态)分布,如人的身高、智商、员工绩效等。

3.3.2　二分类问题

对于二分类问题,给定一个输入,输出为 $y \in (0,1)$,这样就能将输入样本点映射到两个不同的类别中。

计算每个样本点属于类别"1"或者属于类别"0"的概率,哪个概率大,则判定属于哪一类,那么可以把分类问题转化为如何计算每个样本点属于"1"或者"0"的概率。因此引入 Sigmoid 函数。

Sigmoid 函数公式为

$$g(z) = \frac{1}{1 + e^{-z}}$$

函数图像如图 3-1 所示。

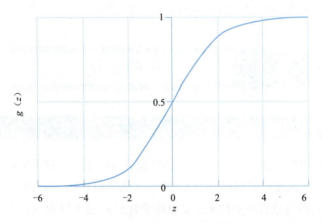

图 3-1　Sigmoid 函数图像

由函数图像可以看出,Sigmoid 函数可以很好地将$(-\infty, +\infty)$内的数映射到$(0,1)$上。于是可以将$g(z) \geq 0.5$时归为"1"类,将$g(z) < 0.5$时归为"0"类。即

$$y = \begin{cases} 1, g(z) \geq 0.5; \\ 0, g(z) < 0.5。 \end{cases}$$

式中,y 表示分类结果;Sigmoid 函数值表示的则是将样本分类为"1"类的概率。

前文说了,逻辑回归是对线性回归的结果进行了 Sigmoid 映射,对应的 Sigmoid 函数中$g(z)$中的变量z可以表示为$z = W^T X$ 其中 W 是线性回归中的参数矩阵,X 是输入的特征矩阵。逻辑回归公式即

$$y_i = \frac{1}{1 + e^{-z_i}} = \frac{1}{1 + e^{-(wx_i + b)}}$$

下面利用 Python 实现对任意输入数据进行 Sigmoid 变换。

提示:NumPy 中 exp( )函数是以常数 e 为底的指数函数。

```
#Sigmoid函数的简单实现
import numpy as np
def Sigmoid(x):
    s = 1 / (1 + np.exp(-x))
    return s
print(Sigmoid(3))
#以数字3为输入,输出其经过Sigmoid函数映射的结果
print(Sigmoid(np.array([2, 5, 6])))
#以数组[2, 5, 6]为输入,输出其经过Sigmoid函数映射的结果,仍是数组
```

运行结果如下所示。

```
0.9525741268224334
[0.88079708 0.99330715 0.99752738]
```

3.3.3 求解逻辑回归

逻辑回归的基本思路已经清楚了,下面需要求解一组 W,使得$g(x) = \dfrac{1}{1 + e^{-z}}$全部预测正确的概率最大。那么需要定义一个代价函数(目标函数),然后使用梯度下降法最优化目标函数,求解 W,这样问题也就解决了。

将$y_i = 1$视为x_i作为正例的可能性,即

$$P(y_i = 1 \mid x_i) = \frac{1}{1 + e^{-(wx_i + b)}} = \frac{e^{wx_i + b}}{1 + e^{wx_i + b}}$$

那么$y_i = 0$的可能性为

$$P(y_i = 0 \mid x_i) = 1 - P(y_i = 1 \mid x_i) = \frac{1}{1 + e^{wx_i + b}}$$

对数概率：$\ln\dfrac{P(y_i=1|x_i)}{P(y_i=0|x_i)} = wx_i + b$

对数概率的结果刚好是线性回归的预测结果。所以，逻辑回归的本质是用线性回归的预测结果逼近真实标记的对数概率。

下面构造似然函数，将其转化为一个优化问题，求解对应的 w 和 b。

定义似然函数：$L(w,b) = \prod\limits_{i=1}^{m} P(y_i = 1|x_i)^{y_i} (1 - P(y_i = 1|x_i))^{1-y_i}$

对数似然函数：$\ln L(w,b) = \sum\limits_{i=1}^{m} y_i(w \cdot x_i + b) - \ln(1 + e^{wx_i + b})$

最大化对数似然函数：$\max\limits_{w,b} \ln L(w,b)$，使用梯度下降即可求解上述优化问题。

假设训练到当前步数的一元逻辑回归模型参数是 theta，训练数据 X 和 y，实现对数损失函数。

注意：上述对数损失公式的 $P(x)$ 就是 Sigmoid 输出。

NumPy 中的 log() 函数是用于计算输入数据的自然对数，即以 e 为底的对数。

```
#代码示例:逻辑回归中损失函数的定义
import numpy as np
def cost(theta, X, y):
    theta = np.matrix(theta)
    X = np.matrix(X)
    y = np.matrix(y)
    left = np.multiply(-y, np.log(Sigmoid(X * theta.T)))
    right = np.multiply((1 - y), np.log(1 - Sigmoid(X * theta.T)))
    return np.sum(left - right) / (len(X))
```

逻辑回归过程：

输入：训练集 $T = \{(x_1,y_1),(x_2,y_2),\cdots,(x_m,y_m)\}$，学习率为 α。

输出：逻辑回归模型参数。

(1) 选取初值向量 w 和偏置参数 b。

(2) 在训练集中随机选取数据 (x_i, y_i)，进行更新。

$$w \leftarrow = w + \alpha \left(y_i - \dfrac{e^{wx_i + b}}{1 + e^{wx_i + b}} \right) x_i$$

$$b \leftarrow = b + \alpha \left(y_i - \dfrac{e^{wx_i + b}}{1 + e^{wx_i + b}} \right)$$

(3) 重复步骤(2)，直到满足模型迭代停止条件。

3.3.4 分类损失

前文已经讲过，在有监督的机器学习算法中，在学习过程中最小化每个训练样例的误差，而这个误差由定义的损失函数产生。

损失函数(Loss Function)：用来估量模型的预测值$\hat{y}$与真实值y的不一致程度。若损失函数很小，表明机器学习模型与数据真实分布很接近，则模型性能良好；若损失函数很大，表明机器学习模型与数据真实分布差别较大，则模型性能不佳。

训练模型的主要任务是使用优化方法寻找损失函数最小化对应的模型参数。最小化误差的过程是使用梯度下降等一些优化策略完成的。

损失函数是机器学习算法的核心。由于机器学习的任务不同，损失函数一般分为分类和回归两类，回归会预测给出一个数值结果而分类则会给出一个标签。

前面介绍了回归问题的损失函数，下面介绍分类问题中常用的几种损失函数。

(1) 0-1损失。

0-1损失是最简单也是最容易理解的一种损失函数。

对于二分类问题，如果预测类别$\hat{y}_i$与真实值y_i不同（样本分类错误），则$L=1$（L表示损失函数）；如果预测类别$\hat{y}_i$与真实值y_i相同（样本分类正确），则$L=0$。

0-1损失的表达式为

$$L(y_i, \hat{y}_i) = \begin{cases} 1, & y_i \neq \hat{y}_i, \\ 0, & y_i = \hat{y}_i。 \end{cases}$$

该损失函数能直观地刻画分类的错误率，但分类太过严格，如果真实值为1，预测值为0.999，显然该分类应该是一个正确的分类，但上述定义则会判定为预测错误。而且该函数是一个非凸、非光滑的函数，使得算法很难直接对该函数进行优化。因此0-1损失函数很少被应用到。

(2) Hinge损失。

Hinge(合页)损失函数是基于0-1损失函数的一个代理损失函数。

$$L(y_i, \hat{y}_i) = \max\{0, 1 - y_i \cdot \hat{y}_i\}, y_i \in (-1, +1)$$

在Hinge损失函数中，当$y_i \cdot \hat{y}_i \geq 1$时，该函数不对其做任何惩罚。Hinge损失函数常用于支持向量机模型当中。

(3) 交叉熵损失。

交叉熵描述了两个概率分布的差异。对于二分类问题的交叉损失函数公式为

$$L(y_i, \hat{y}_i) = -y_i \cdot \log \hat{y}_i - (1 - y_i) \cdot \log(1 - \hat{y}_i)$$

交叉熵损失函数是0-1损失函数的凸上界，且处处光滑可导，因此可以十分方便地用梯度下降法进行优化。

逻辑回归中的损失函数使用的是交叉熵。

```
#损失函数对比
import numpy as np
import math
import matplotlib.pyplot as plt
plt.rcParams['font.sans-serif'] = ['SimHei']
plt.rcParams['axes.unicode_minus'] = False
```

```
plt.figure(figsize = (8, 5))
x = np.linspace(start = -2, stop = 3, num = 1001, dtype = np.float)
logi = np.log(1 + np.exp(-x))/math.log(2)
y_01 = x < 0
y_hinge = 1.0 - x
y_hinge[y_hinge < 0] = 0
plt.plot(x, logi, 'r-', mec = 'k', label = 'Logistic Loss', lw = 2)
plt.plot(x, y_01, 'g-', mec = 'k', label = '0/1 Loss', lw = 2)
plt.plot(x, y_hinge, 'b-', mec = 'k', label = 'Hinge Loss', lw = 2)
plt.grid(True, ls = '--')
plt.legend(loc = 'upper right')
plt.title('Loss function')
plt.show()
```

运行结果如下所示。

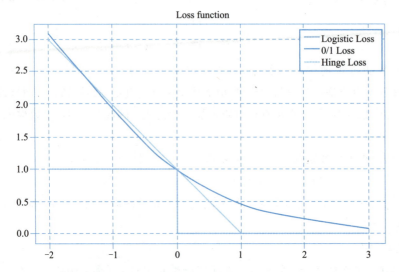

3.4 项目实施

逻辑回归——
智能家居
数据观测

任务 3-1　逻辑回归针对智能家居的数据预测

1. 测一测

① linear_model 是_____。

② linear_model.LogisticRegression 的作用是_____。

③ 如果想输出模型的权重向量,应该使用_____。

项目 3　运用逻辑回归算法实现概率预测

④ 如果想输出模型的偏置常数,应该使用_____。
⑤ solver 输入参数的改变有什么作用?_____。

2. 实训步骤

传感器是一种检测装置,能感受到被测量的信息,并能将感受到的信息,按一定规律变换成数据为人们所用,以满足信息的传输、处理、存储、显示、记录和控制等要求。将物联网传感器内置在工厂机器中,就可以跟踪如震动、温度、湿度等数据,可以对这些数据进行分析,建立模型以预测特定机器该何时进行维修,这样,工厂管理人员就可以在设备出现问题之前识别它们,从而降低了风险。一些智能家居中也内置了传感器,现采集了智能家居内置传感器的一些数据,使用逻辑回归算法观测有人无人,从而改变室内环境。

步骤1　导入包

导入相关的库,从 sklearn 的 linear_model 模块中导入逻辑回归方法,还需导入数据分析库 Pandas、可视化库 Matplotlib、数据集划分函数 train_test_split()等。

```
import Pandas as pd
#导入 Pandas 库,用于读取数据
from sklearn.model_selection import train_test_split
#导入 model_selection 模块中的 train_test_split()函数划分训练集和测试集
from sklearn.linear_model import LogisticRegression
#导入 linear_model 模块中的 LogisticRegression()函数进行逻辑回归
import numpy as np
#导入 NumPy 库,用于数组计算
import matplotlib.pyplot as plt
from sklearn.preprocessing import StandardScaler
#调用 sklearn 中的标准化函数对数据进行标准化处理
```

步骤2　获取数据

智能家居观测任务是一个二分类问题,根据传感器的数据判断房间内是否有人,"0"表示有人,"1"表示无人;数据记录了房间内持续检测的温度、湿度、光线、二氧化碳浓度、湿度比等信息。

使用 pd.read_csv()方法读取数据,pd.read_csv()方法中数据输入的路径可以是文件路径,也可以是 URL,本案例数据路径为:"./data-sets/datatest.txt";先读取数据,显示该数据的前五行。

```
data = pd.read_csv("./data-sets/datatraining.txt",)
#读取并预览数据集
data.head()
```

运行结果如下所示。

	date	Temperature	Humidity	Light	CO2	HumidityRatio	Occupancy
1	2015-02-04 17:51:00	23.18	27.2720	426.0	721.25	0.004793	1
2	2015-02-04 17:51:59	23.15	27.2675	429.5	714.00	0.004783	1
3	2015-02-04 17:53:00	23.15	27.2450	426.0	713.50	0.004779	1
4	2015-02-04 17:54:00	23.15	27.2000	426.0	708.25	0.004772	1
5	2015-02-04 17:55:00	23.10	27.2000	426.0	704.50	0.004757	1

读取完数据,发现 date 列数据对结果没有影响,所以不将其作为特征使用。数据包含 5 个特征,1 个目标,其中特征包含:Temperature(温度)、Humidity(湿度)、Light(亮度)、CO_2(二氧化碳浓度)、HumidityRatio(湿度比);目标为 Occupancy(是否有人)。

步骤3 数据预处理

(1)处理缺失值。

在进行模型拟合之前,数据处理是一个非常重要的步骤,数据可能存在缺失值、异常值。

```python
data = data.replace(to_replace = "? ", value = np.nan)
#以"? "代替 Nan 值,再将空值删除
data = data.dropna()
#删除缺失值
data.info()
#输出数据基本信息
```

运行结果如下所示。

```
<class 'pandas.core.frame.DataFrame'>
Int64Index: 8143 entries, 1 to 8143
Data columns (total 7 columns):
 #   Column         Non-Null Count   Dtype
---  ------         --------------   -----
 0   date           8143 non-null    object
 1   Temperature    8143 non-null    float64
 2   Humidity       8143 non-null    float64
 3   Light          8143 non-null    float64
 4   CO2            8143 non-null    float64
 5   HumidityRatio  8143 non-null    float64
 6   Occupancy      8143 non-null    int64
dtypes: float64(5), int64(1), object(1)
memory usage: 508.9+ KB
```

(2)划分数据集。

处理完缺失值之后,使用 train_test_split( )函数划分训练集、测试集,设置测试集的比例为 0.2。

```
#将特征数据和目标值分离并赋值
x_train,x_test,y_train,y_test = train_test_split(
data.iloc[:,1:6],              #要拆分的对象
        data['Occupancy'],     #标签,也就是拆分到 y_train 和 y_test 中去
        test_size = 0.2,        #按 20% 的比例拆分出测试集
        random_state = 0)       #设置随机种子保证所有结果一致
print('训练集样本数为:',x_train.shape[0])
#shape 返回两个维度,第一个是训练样本量的大小,第二个是数据特征的数量
print('测试集样本数为:',x_test.shape[0])
#返回的是测试样本的数量
```

运行结果如下所示。

```
训练集样本数为:6514
测试集样本数为:1629
```

(3) 数据标准化处理。

通过查看每列的数据信息,发现 Light、CO_2 列的数据范围波动特别大,为了避免导致机器误判为值越大越重要,需要标准化数据,保证每个维度的特征数据方差为 1,均值为 0,使得预测结果不会被某些维度过大的特征值主导。

```
transfer = StandardScaler()
#实例化一个标准化器
x_train = transfer.fit_transform(x_train)
#先训练获取标准化会用到数据的均值和方差;再进行标准化
x_test = transfer.transform(x_test)
#将得到的均值和标准差对测试集进行标准化
```

(4) 查看数据是否均衡。

```
print('0 类样本和 1 类样本数量为:',data.Occupancy.value_counts())
#统计表格 0 类样本和 1 类样本出现的次数
```

运行结果如下所示。

```
0 类样本和 1 类样本数量为:
0    6414
1    1729
Name: Occupancy, dtype: int64
```

步骤 4 构建逻辑回归分类模型

数据准备完成后,现在需要建立模型,调用 sklearn 中的 LogisticRegression() 函数创建逻辑回

归分类模型。由上一步骤的结果可知,数据的类别是不均衡的,因此需要在构建模型时,配置相应的参数 class_weight。

sklearn 中 linear_model.LogisticRegression 类的原型如下:

```
class sklearn.linear_model.LogisticRegression(
penalty='l2',dual=False,tol=0.0001,C=1.0,fit_intercept=True,
intercept_scaling=1,class_weight=None,random_state=None,
solver='lbfgs',max_iter=100,multi_class='auto',verbose=0,
warm_start=False,n_jobs=None,l1_ratio=None)
```

参数说明如下:

penalty:指定对数似然函数中加入的正则化项,默认值为 l2,表示添加 L2 正则化项。

tol:设定判断迭代收敛的阈值,默认值为 0.0001。

C:指定正则化项的权重,是正则惩罚项系数的倒数,所以 C 越小,正则化项越大。

fit_intercept:选择是否计算偏置常数 b,默认值为 True。

class_weight:指定各类别的权重,默认值为 None,表示每个类别的权重都是 1,可以利用字典 {class:weight} 设置各个类别的权重。

solver:指定求解最优化问题的算法,默认值为 liblinear,适用于数据集较小的情况。当数据集较大时可使用 sag,即随机梯度下降,其次还有 newton-cg(牛顿法)和 lbfgs(拟牛顿法)。

max_iter:设定最大迭代次数,默认值为 100。

multi_class:指定多分类策略,默认值为 ovr,表示采用 one-vs-rest,即一对多策略;multinomial,表示直接采用多项逻辑回归策略。

n_jobs:指定计算机并行工作时的 CPU 核数,默认值为 1;如果设置为 -1,表示使用所有可用的 CPU 核数。

类属性如下:

coef_:用于输出模型的权重向量 W。

intercept_:用于输出模型的偏置常数 b。

n_inter_:用于输出实际的迭代次数。

```
#创建一个 LogisticRegression 模型,并使用 class_weight='balanced' 弥补数据中不平衡的类
model = LogisticRegression(random_state=5,class_weight='balanced')
```

步骤5 用 fit() 方法,进行模型训练

本步骤将调用 LogisticRegression 类的 fit() 方法,fit() 方法说明如下:

fit(self,X,y):使用给定的训练数据训练模型。参数 X 为数据特征,形状为 (n_samples, n_features),y 为数据的标签,形状为 shape (n_samples,)。

```
model.fit(x_train,y_train)
    #使用 fit 函数训练模型,参数为训练集特征和训练集标签
```

运行结果如下所示。

```
LogisticRegression(class_weight='balanced', random_state=5)
```

步骤6 对训练好的估计器进行预测

LogisticRegression 类中模型预测方法的说明：

score(self,X,y)：返回给定测试数据和标签的平均准确度 mean accuracy。参数 X 表示训练样本或者测试样本，参数 y 为样本对应的标签。

predict_proba(self,X)：类概率估计。所有类的返回估计值按类标签排序。返回模型中样本对每个类的概率，其中类按照它们的顺序排序 self.classes_。

predict(self,X)：预测 X 中样本的标签。参数 X 为测试样本。返回的是一个列表，是由每个样本的预测值构成的。

（1）输出模型在测试集上的预测准确率。

```
model.score(x_test,y_test)
```

运行结果如下所示。

```
0.988950276243094
```

（2）打印样本预测结果。

下面将测试集中第1个样本的预测结果打印出来。从结果中可以看到，该样本被预测为"0"类的概率约为0.029，为"1"类的概率约为0.97。

```
predict_value = model.predict(x_test)
predict_prob = model.predict_proba(x_test)
#预测分类概率；predict_proba()返回的是样本属于每个类别的概率
print(predict_prob[1])
#打印测试集上第一个样本对每一类的概率
```

运行结果如下所示。

```
[0.02940974 0.97059026]
```

习 题

1. 逻辑回归算法的缺点有（　　）。
   A. 容易过拟合　　　　　　　　　　B. 容易欠拟合
   C. 预测结果是为 0~1 的概率　　　　D. 对自变量共线性较为敏感

2. 参考"任务 3-1 逻辑回归智能家居数据预测"，使用以下给定数据集完成逻辑回归模型的训练，并使用 Matplotlib 工具可视化分类结果（原始数据散点图、分类线）。

数据集如下：

0.089392	-0.715300	1
1.825662	12.693808	0
0.197445	9.744638	0
0.126117	0.922311	1
-0.679797	1.220530	1
0.677983	2.556666	1
0.761349	10.693862	0
-2.168791	0.143632	1
1.388610	9.341997	0
0.317029	14.739025	0

任务3-2　　逻辑回归预测升学概率

1. 测一测

①逻辑回归用于解决回归问题吗？_____。
②逻辑回归在_____基础上引入了Sigmoid函数。
③Sigmoid函数是_____,输出范围是:_____。
④逻辑回归二分类中,当Sigmoid函数输出值小于_____时,样本属于第0类,大于或等于_____时,属于第1类。
⑤Sigmoid函数为模型添加了_____因素。

逻辑回归预测升学概率

2. 实训步骤

小艾表弟明年参加高考,他想要预测表弟能否顺利被某大学录取,他有一部分往年该校筛选学生的成绩和录取结果的数据。选择其中的两门课作为特征,录取与否作为预测结果。希望训练出一个模型,在明年表弟成绩出来后,预测他被成功录取的概率有多大,从而慎重的填报志愿。

下面尝试使用逻辑回归解决以上二分类问题。

步骤1　导入包

导入需要的Python包:数据分析库Pandas、绘图库Matplotlib、数据处理库NumPy、时间库Time。

```
import pandas as pd
import matplotlib.pyplot as plt
import numpy as np
import time
```

步骤 2 读取数据并显示

在进行处理之前,先从 csv 文件中读取输出并绘制散点图查看分布。

```
#读取文件加入标题科目1 科目2 录取情况
data = pd.read_csv('data-sets/up.csv',
header=None,names=['Exam1','Exam2','Admitted'])
#绘制散点图
plt.figure(figsize=(10,6),dpi=100)
plt.scatter(data[data['Admitted']==1]['Exam1'],
data[data['Admitted']==1]['Exam2'],s=30,c='b',label='Admitted')
plt.scatter(data[data['Admitted']==0]['Exam1'],
data[data['Admitted']==0]['Exam2'],s=30,c='r',label='Not Admitted')
plt.xlabel('Exam1 Score')
plt.ylabel('Exam2 Score')
plt.legend()
plt.show()
```

运行结果如下所示。

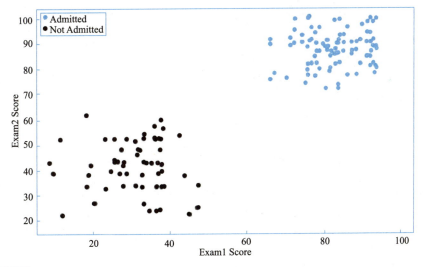

步骤 3 定义 Sigmoid 函数

根据函数表达式手动定义 Sigmoid 函数。

```
def Sigmoid(z):
    return 1.0/(1+np.exp(-z))
```

步骤 4 定义逻辑回归模型

逻辑回归模型其实就是 Sigmoid 函数,这里只是对 Sigmoid 函数进行调用。

```python
#定义逻辑回归模型
def model(X,theta):
    returnSigmoid(np.dot(X,theta.T))
```

步骤5 定义损失函数

根据函数表达式手动定义对数似然损失函数。

```python
#定义损失函数
def loss(X,y,theta):
    left = -np.multiply(y,np.log(model(X,theta)))
    right = np.multiply(1-y,np.log(1-model(X,theta)))
    return np.sum(left - right)/len(X)
```

步骤6 定义梯度更新公式

根据函数表达式手动定义梯度更新函数。

```python
#计算梯度
def gradient(X,y,theta):
    grad = np.zeros(theta.shape)
    error = (model(X, theta) - y).ravel()
    for j in range(3):
        term = np.multiply(error, X[:, j])
        grad[0, j] = np.sum(term) / 100
    return grad
```

步骤7 定义梯度下降过程

根据函数表达式手动定义梯度下降函数,返回权重参数 theta、迭代次数、梯度、所耗时间。

```python
def descent(data, theta, batchSize, stopType, thresh, learning_rate):
    init_time = time.time()
    #迭代次数,当前为第0次迭代
    i = 0
    #记录训练批次即batch,当前为第0批次
    k = 0
    X, y = shuffleData(data)
    #数据打乱处理
    grad = np.zeros(theta.shape)
    #计算的梯度
    costs = [loss(X, y, theta)]
```

```
#计算的损失值
while True:
    grad = gradient(X[k:k + batchSize], y[k:k + batchSize], theta)
#取batch数量个数据
k += batchSize
if k >= n:
    k = 0
    #对数据做打乱处理
    X, y = shuffleData(data)
#模型参数更新
theta = theta - learning_rate * grad
#计算当前损失值
costs.append(loss(X, y, theta))
i += 1
#选择停止策略
if stopType == STOP_ITER:
    value = i
elif stopType == STOP_COST:
    value = costs
elif stopType == STOP_GRAD:
    value = grad
if stopCriterion(stopType, value, thresh): break
print('最终损失值为 {0}'.format(costs[-1]))
return theta, i - 1, costs, grad, time.time() - init_time
```

步骤8 定义数据乱序函数

对数据进行乱序,防止数据集原本的顺序影响模型的训练。

```
#定义乱序函数即重新随机排列
def shuffleData(data):
    np.random.shuffle(data)
    X = data[:,:3]
    y = data[:,3:4]
    return X, y
```

步骤9 定义训练停止策略

定义三种停止方式:

第一,根据设定的迭代次数决定是否停止计算。

第二，根据损失值的变化来决定，当损失值的变化很小时停止计算。

第三，根据设定的梯度值的变化来决定，当梯度值的变化很小时停止计算。

需要用到的参数有：Stop_Type（停止类型）、threshhold（阈值）、value 与阈值比较判断是否迭代终止。

```python
STOP_ITER = 0
STOP_COST = 1
STOP_GRAD = 2
def stopCriterion(type, value, threshold):
    #设定三种不同的停止策略
    if type == STOP_ITER:
        return value > threshold
    elif type == STOP_COST:
        return abs(value[-1] - value[-2]) < threshold
    elif type == STOP_GRAD:
        return np.linalg.norm(value) < threshold
```

步骤10 定义模型预测函数

根据 theta 取值判定预测类别，若大于或等于0.5则判定为"1"类，反之为"0"类。

```python
def predict(X, theta):
    return [1 if x >= 0.50 else 0 for x in model(X, theta)]
```

步骤11 传入数据和参数初始化

将数据分割为特征与目标，初始化全零参数。

```python
#在数据插入一列1，用于与参数中的偏置项相乘，相当于 w2x2 + w1x1 + w0*1
data.insert(0,'Ones',1)
#将输入数据赋值给X,y
ori_data = data.values
X = ori_data[:,:3]
y = ori_data[:,3:4]
#初始化参数：将三个参数全置为0，系数：W1,W2，偏置项：W0
theta = np.zeros([1,3])
```

步骤12 开始训练

通过梯度函数进行模型训练，分别打印初始损失与训练完成后的损失。

```python
#计算当前损失值
print('当前损失值为 {0}'.format(loss(X,y,theta)))
```

项目 3 运用逻辑回归算法实现概率预测

```
# learning_rate:学习率;threshhold:阈值,根据 batchsize 的值选择批量、随机、小批量梯度下降
n = 160
theta,iterations,costs,grad,dur = descent(ori_data,theta,100,2,0.005,0.001)
```

运行结果如下所示。

```
当前损失值为 0.6931471805599453
最终损失值为 0.02665301441600284
```

步骤 13 模型预测及准确率

训练完成后,可以调用模型对所有样本进行预测,得出模型准确率。

```
scaled_X = ori_data[:, :3]
y = ori_data[:, 3]
predictions = predict(scaled_X, theta)
#计算预测准确度
correct = [1 if ((a == 1 and b == 1) or (a == 0 and b == 0)) else 0 for (a, b) in zip(predictions, y)]
print('正确预测样本:',sum(map(int, correct)))
print('总测试样本:',len(y))
accuracy = (sum(map(int, correct)) / len(y))
print ('accuracy = {0}'.format(accuracy))
```

运行结果如下所示。

```
正确预测样本:160
总测试样本:160
accuracy = 1.0
```

步骤 14 绘制损失曲线

查看损失函数与迭代次数的曲线,查看模型损失是如何根据迭代次数收敛的。

```
#打印迭代次数和损失值的关系曲线
plt.plot(np.arange(len(costs)),costs)
plt.title('Iterations:{},learning_rate:{},accuracy:{}'.format(iterations,0.001,accuracy))
plt.show()
```

运行结果如下所示。

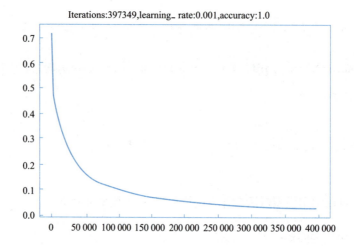

习 题

1. 下列关于逻辑回归与线性回归的异同说法正确的是（　　）。

　　A. 逻辑回归实际上更多用于分类任务，而线性回归主要用于回归任务

　　B. 二者的性能评价标准不同

　　C. 逻辑回归比线性回归更容易过拟合

　　D. 二者都可以使用梯度下降算法求解

2. 针对"任务3-2　逻辑回归预测升学概率"，分别验证另外两种训练停止策略对模型效果的影响。参考步骤如下：

步骤1　导入该项目需要的 Python 包；

步骤2　读取文件加入标题科目1科目2录取情况；

步骤3　定义 Sigmoid 函数；

步骤4　定义逻辑回归模型；

步骤5　定义损失函数；

步骤6　计算梯度；

步骤7　梯度下降求解；

步骤8　定义乱序函数即重新随机排列；

步骤9　设定三种不同的停止策略；

步骤10　预测函数；

步骤11　数据预处理和参数初始化；

步骤12　第一种停止策略——训练；

步骤13　第一种停止策略——计算预测准确度；

步骤14　第一种停止策略——打印迭代次数和损失值的关系曲线；

步骤15　第二种停止策略——训练；

步骤16　第二种停止策略——计算预测准确度；

步骤17　第二种停止策略——打印迭代次数和损失值的关系曲线。

项目 3　运用逻辑回归算法实现概率预测

视　频

逻辑回归
预测红酒质量

任务 3-3　逻辑回归预测红酒质量

1. 测一测

①你认为多分类和二分类概念上有什么区别？_____。
②你认为多分类和二分类在输入数据上有什么区别？_____。
③如果想给数据分三类,需要运行_____次二分类。
④在需要做多分类预测时,将所有分类器都运行一遍,对每一个输入变量,选择最_____可能性(概率最大)的输出变量。
⑤多分类_____使用 Sigmoid 函数。

2. 实训步骤

前文介绍的逻辑回归是二分类模型,但是实际上往往是多分类的情况。如图 3-2 所示,3 种不同的符号(五角星、五边形、圆)代表 3 个不同类别的数据,如何用逻辑回归进行分类？

采用一对多的思想。先从五边形代表的类别开始,创建一个新的"伪"训练集。五边形设定为正类,圆和五角形设定为负类,创建一个新的训练集,如图 3-3 所示,拟合出一个标准的逻辑回归二分类器,模型记 $h(1)$。

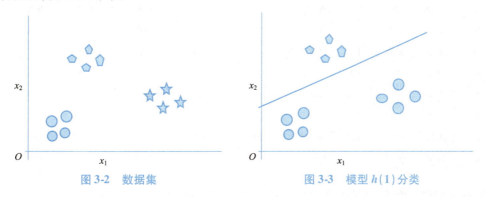

图 3-2　数据集　　　　　图 3-3　模型 $h(1)$ 分类

接着,类似地选择圆标记为正类,将五边形和五角星都标记为负类,将该模型记 $h(2)$,如图 3-4 所示。

依此类推,标记模型 $h(3)$,如图 3-5 所示。

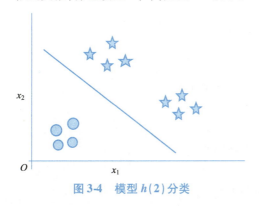
图 3-4　模型 $h(2)$ 分类

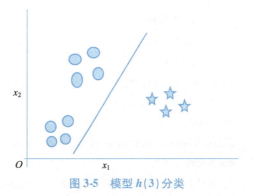
图 3-5　模型 $h(3)$ 分类

最后,在需要做预测时,将所有分类器都运行一遍,对每个输入变量,选择最高可能性(概率最大)的输出变量。

多项逻辑回归模型:假设样本的类别标签y_i的取值集合为$\{1,2,\cdots,K\}$,即一共有K个类别,那么多项逻辑回归模型为

$$P(y_i = k | x_i) = \frac{e^{w_k \cdot x_i + b}}{1 + \sum_{k=1}^{k=K-1} e^{w_k \cdot x_i + b}}, k = 1, 2, \cdots, K-1$$

$$P(y_i = K | x_i) = \frac{1}{1 + \sum_{k=1}^{k=K-1} e^{w_k \cdot x_i + b}}$$

表3-2是红酒数据集的部分数据。前11列是红酒相关属性值,如非挥发性酸、挥发性酸、柠檬酸、氯化物、pH值等,连续值;最后一列是质量分类,离散值。

表3-2 红酒数据

fixed acidity	volatile acidity	citric acid	residual sugar	chlorides	free sulfur dioxide	total sulfur dioxide	density	pH	sulphates	alcohol	quality
7.4	0.7	0	1.9	0.076	11	34	0.9978	3.5	0.56	9.4	5
7.8	0.88	0	2.6	0.098	25	67	0.9968	3.2	0.68	9.8	5
7.8	0.76	0.04	2.3	0.092	15	54	0.997	3.3	0.65	9.8	5
11.2	0.28	0.56	1.9	0.075	17	60	0.998	3.2	0.58	9.8	6
7.4	0.7	0	1.9	0.076	11	34	0.9978	3.5	0.56	9.4	5
7.4	0.66	0	1.8	0.075	13	40	0.9978	3.5	0.56	9.4	5
7.9	0.6	0.06	1.6	0.069	15	59	0.9964	3.3	0.46	9.4	5
7.3	0.65	0	1.2	0.065	15	21	0.9946	3.4	0.47	10	7
7.8	0.58	0.02	2	0.073	9	18	0.9968	3.4	0.57	9.5	7

目标是构建一个多分类(10类)模型,根据红酒各种属性判别红酒的质量。

步骤1 导入包

除了导入必要的工具包以外,还需要导入数据标准化包与标签化包。

```
#导入必要的工具包
import numpy as np
import pandas as pd
from sklearn.model_selection import train_test_split
from sklearn.metrics import accuracy_score
#标准化包
from sklearn.preprocessing import StandardScaler
#标签化包
from sklearn.preprocessing import LabelEncoder
```

步骤 2 定义 Sigmoid 函数

根据函数表达式定义 Sigmoid 函数。

```python
#定义 Sigmoid 函数
def Sigmoid(z):
    return 1 / (1 + np.exp(-z))
```

步骤 3 定义代价函数

根据函数表达式定交叉熵损失函数。

```python
#定义代价函数
def cost(theta, X, y, learningRate):
    # INPUT:参数值 theta,数据 X,标签 y,学习率
    # OUTPUT:当前参数值下的交叉熵损失
    # STEP1:将 theta, X, y 转换为 numpy 类型的矩阵
    theta = np.matrix(theta)
    X = np.matrix(X)
    y = np.matrix(y)
    # STEP2:根据公式计算损失函数(不含正则化)
    cross_cost = np.multiply(-y, np.log(Sigmoid(X * theta.T))) - np.multiply((1 - y), np.log(1 - Sigmoid(X * theta.T)))
    # STEP3:根据公式计算损失函数中的正则化部分
    reg = (learningRate / (2 * len(X))) * np.sum(np.power(theta[:,1:theta.shape[1]], 2))
    # STEP4:把上两步当中的结果加起来得到整体损失函数
    whole_cost = np.sum(cross_cost) / len(X) + reg
    return whole_cost
```

步骤 4 定义梯度下降过程

定义梯度下降函数,输入参数值 theta、数据 X、标签 y、学习率、输入当前参数值下的梯度。

```python
#梯度计算
def gradient(theta, X, y, learningRate):
    # STEP1:将 theta, X, y 转换为 numpy 类型的矩阵
    theta = np.matrix(theta)
    X = np.matrix(X)
    y = np.matrix(y)
    # STEP2:将 theta 矩阵拉直(转换为一个向量)
    parameters = int(theta.ravel().shape[1])
```

```python
# STEP3:计算预测的误差
error = Sigmoid(X * theta.T) - y
# STEP4:根据上面的公式计算梯度
grad = ((X.T * error) / len(X)).T + ((learningRate / len(X)) * theta)
# STEP5:由于 j=0 时不需要正则化,所以这里重置一下
grad[0, 0] = np.sum(np.multiply(error, X[:,0])) / len(X)
return np.array(grad).ravel()
```

步骤 5 定义多分类训练过程

根据类别数量,分别建立多个模型,用于一对多分类,并将所有模型参数保存在 all_theta 参数中。

```python
#一对多分类
def one_vs_all(X, y, num_labels, learning_rate):
    rows = X.shape[0]
    params = X.shape[1]
    all_theta = np.zeros((num_labels, params + 1))
    X = np.insert(X, 0, values=np.ones(rows), axis=1)
    for i in range(1, num_labels + 1):
        theta = np.zeros(params + 1)
        y_i = np.array([1 if label == i else 0 for label in y])
        y_i = np.reshape(y_i, (rows, 1))
        fmin = minimize(fun=cost, x0=theta, args=(X, y_i, learning_rate),
method='TNC', jac=gradient)
        all_theta[i-1,:] = fmin.x
    return all_theta
```

步骤 6 定义多分类模型预测过程

输入一个测试样本与所有参数 all_theta,应用 Sigmoid 进行分类。

```python
def predict_all(X, all_theta):
    # 读取行数
    rows = X.shape[0]
    # 读取列数
    params = X.shape[1]
    # 读取标签数
    num_labels = all_theta.shape[0]
    # X 第一列插值 0
    X = np.insert(X, 0, values=np.ones(rows), axis=1)
```

```
    # X 转成 mstrix
    X = np.matrix(X)
    # all_theta 转成 matrix
    all_theta = np.matrix(all_theta)
    #应用激活函数
    h = Sigmoid(X * all_theta.T)
    # 找出最大值
    h_argmax = np.argmax(h, axis=1)
    # 最大值加 1
    h_argmax = h_argmax + 1
    # 返回最大值加 1
    return h_argmax
```

步骤7 读取数据

从 csv 文件中读取数据。

```
#pandas 加载数据
data = pd.read_csv('data-sets/2redwine.csv')
```

步骤8 数据预处理

从数据中提取特征与目标值,分别划分为训练集与测试集。然后对训练集与测试集进行标准化处理。

```
rows = data.values.shape[0]
params = data.values.shape[1]
all_theta = np.zeros((6, params + 1))
theta = np.zeros(params + 1)
data.insert(0,'Ones',1)
ori_data = data.values
#特征
X = ori_data[:, :11]
#目标值
y = ori_data[:, -1]
#划分训练集和测试集,且测试集比例为 0.1
X_train, X_test, y_train, y_test = 
train_test_split(X, y, test_size=0.1, random_state=1)
#标准化处理
transfer = StandardScaler()
#在训练集上训练,得到均值方差
```

```
x_train = transfer.fit_transform(X_train)
#使用以上均值方差,应用到测试集上
x_test = transfer.transform(X_test)
```

步骤9 开始训练

对训练样本调用一对多函数进行模型训练,并打印模型参数。

```
all_theta = one_vs_all(x_train, y_train, 6, 1)
#输出所有参数
all_theta
```

运行结果如下所示。

```
array([[-3.70271299e+00,  0.00000000e+00, -6.59728079e-02,
         6.10434276e-01,  7.69134460e-02,  2.54470841e-01,
         1.91047008e-01, -2.79962220e-01, -2.02525771e-01,
        -1.98264322e-03,  3.08852020e-01, -1.98919941e-01],
       [-4.10382037e-01,  0.00000000e+00, -1.05894591e+00,
         2.02507245e-01, -5.35142781e-03, -4.75015427e-01,
         1.89823506e-01, -1.39485119e-01,  6.13587427e-01,
         1.09932630e+00, -5.57171221e-01, -5.87826101e-01],
       [-4.61293236e-01,  0.00000000e+00,  2.50278991e-01,
        -2.68297846e-01, -1.93912914e-01,  5.42495018e-02,
        -1.15526717e-02,  2.10488527e-01, -3.75332217e-01,
        -1.62210152e-01,  1.66364556e-01,  1.51166385e-01],
       [-2.69179818e+00,  0.00000000e+00,  9.45043100e-01,
        -3.86155620e-01,  2.62759566e-01,  5.38498676e-01,
        -4.08775518e-01,  8.66271486e-02, -6.22127513e-01,
        -1.14512855e+00,  4.57778405e-01,  6.93329953e-01],
       [-5.57800334e+00,  0.00000000e+00,  2.41501588e-01,
         2.10216137e-01,  7.44883336e-01,  3.73820576e-01,
        -8.53177486e-01,  9.36797167e-03, -6.32257485e-01,
        -1.31247720e+00, -2.22294744e-01,  7.07491403e-01],
       [-1.48129058e+01,  0.00000000e+00, -5.54030156e-11,
         8.30830602e-12, -3.83804663e-11, -2.66074674e-11,
        -1.77698908e-11,  1.63134694e-12, -5.19738399e-12,
         1.61568290e-10,  2.80340140e-11, -1.71993908e-11]])
```

步骤10 预测测试集

多测试集调用 predict_all( ) 函数,对模型预测的准确率进行计算。

```
y_pred = predict_all(x_test, all_theta)
print('预测准确率为:',accuracy_score(y_test, y_pred))
#correct = [1 if a == b else 0 for(a, b) in zip(y_pred, y_test)]
#accuracy = (sum(map(int, correct)) / float(len(correct)))
#print ('accuracy = {0}%'.format(accuracy * 100))
```

运行结果如下所示。

预测准确率为:0.64375

习 题

1. 逻辑回归的损失函数是(　　)。

  A. 信息熵   B. 信息增益   C. 对数损失   D. 均方误差

2. 针对"任务3-3 逻辑回归预测红酒质量",使用sklearn内置函数完成案例。参考步骤如下:

  步骤1　导入包;

  步骤2　读取数据;

  步骤3　数据预处理;

  步骤4　开始训练;

  步骤5　预测测试集。

任务3-4　随机梯度下降

逻辑回归梯度下降的改进

1. 测一测

①梯度就是对多元函数的各参数求_____,然后把求得的各参数的偏导数以_____形式写出来。

②梯度向量的方向是函数值增加最_____的方向,沿着梯度向量的方向,能找到函数最_____值;反过来,沿着梯度反方向,是函数值_____最快的方向,就能够找到函数_____值。

③梯度下降:沿着_____的负方向,走相应步数,继续计算新位置的梯度,并在新位置继续沿着_____的负方向向下走,直至到达凸函数的全局_____或非凸函数的局部最低点。

④随机梯度下降是在梯度下降的基础上,引入_____抽取样本的方式,即每次迭代只随机抽取训练集的一部分样本进行梯度计算,有效避免陷入局部最优的情况。

⑤请举例说明一个随机梯度下降的优点:_____
_____。

2. 实训步骤

假设有100个样本点,每个点包含两个数值型特征:X_1和X_2。在此数据集上,通过使用梯度下降法找到最佳分类函数的系数,也就是拟合出 Logistic 回归模型的最佳参数。

按下面的步骤熟悉模型的构建过程,尝试分析使用一般的梯度下降时的分类效果,然后使用随机梯度下降法改进分类效果。

步骤1 导入包

```
#科学计算库
import numpy as np
```

步骤2 读取数据

该任务的数据存储在文件"data-sets/testSet.txt"中。从 txt 文件中逐行读取数据,并分别保存在 dataMat 特征集与 labelMat 标签集中。

```
def loadDataSet():
    dataMat = []
    labelMat = []
    fr = open('data-sets/testSet.txt')
    for line in fr.readlines():
        lineArr = line.strip().split()
        dataMat.append([1.0, float(lineArr[0]), float(lineArr[1])])
        labelMat.append(int(lineArr[2]))
    fr.close()
    return dataMat, labelMat
#获取数据和标签
dataMat, labelMat = loadDataSet()
```

步骤3 定义 Sigmoid 函数

根据函数公式定义 Sigmoid 函数。

```
#定义 Sigmoid 函数
def Sigmoid(inX):
    return 1.0/(1 + np.exp(-inX))
```

步骤4 梯度下降法

梯度下降法在迭代训练过程中,每次更新参数需要读取整个训练集。梯度下降函数的第一个参数是 dataMatIn,它是一个 2 维 NumPy 数组,每列分别代表每个不同的特征,每行则代表每个训练样本。我们现在采用的是 100 个样本的简单数据集,所以 dataMatIn 中存放的是 100×3 的矩阵。获得输入数据并将它们转换成 NumPy 矩阵。第二个参数是类别标签,它是一个 1×100 的行向量。为了便于矩阵运算,需要将该行向量转换为列向量,做法是将原向量转置。

```
#梯度下降法
```

项目3 运用逻辑回归算法实现概率预测

```python
def gradAscent(dataMatIn, classLabels, maxCycles):
    # 将 dataMatIn 解释为矩阵
    dataMatrix = np.mat(dataMatIn)
    # 将 classLabels 解释为矩阵,并转置
    labelMat = np.mat(classLabels).transpose()
    # 读取形状
    m, n = np.shape(dataMatrix)
    # 设置学习率
    alpha = 0.001
    # 初始化权重参数
    weights = np.ones((n, 1))
    # 梯度下降
    for k in range(maxCycles):
        # 应用激活函数
        h = Sigmoid(dataMatrix * weights)
        # 计算误差
        error = (labelMat - h)
        # 更新权重
        weights = weights + alpha * dataMatrix.transpose() * error
        # 返回权重
    return np.array(weights)
# 计算权重
weights = gradAscent(dataMat, labelMat, 500)
# 打印权重
print('参数矩阵:')
weights
```

运行结果如下所示。

```
参数矩阵:
array([[ 4.12414349],
       [ 0.48007329],
       [-0.6168482 ]])
```

步骤5 绘制二分直线

根据权重绘制出数据的二分直线。

```python
# 绘制出数据集和 logistic 回归最佳拟合直线的函数
def plotBestFit(weights):
    import matplotlib.pyplot as plt
```

```python
#转换成 array 数组
dataMat, labelMat = loadDataSet()
dataArr = np.array(dataMat)
n = np.shape(dataArr)[0]
xcord1 = []
ycord1 = []
xcord2 = []
ycord2 = []
for i in range(n):
    if int(labelMat[i]) == 1:
        xcord1.append(dataArr[i, 1])
        ycord1.append(dataArr[i, 2])
    else:
        xcord2.append(dataArr[i, 1])
        ycord2.append(dataArr[i, 2])
fig = plt.figure()
ax = fig.add_subplot(111)
ax.scatter(xcord1, ycord1, s=30, c='red', marker='s')
ax.scatter(xcord2, ycord2, s=30, c='green')
x = np.arange(-3.0, 3.0, 0.1)
#定义输入 x 的范围
y = (-weights[0]-weights[1]*x)/weights[2]
#输出 y 是 x2,x 是 x1,基于 w0+w1*x1+w2*x2=0
ax.plot(x, y)
ax.set_xlabel('X1')
ax.set_ylabel('X2')
plt.show()
plotBestFit(weights)
```

运行结果如下所示。

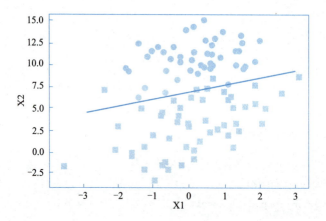

项目 3 运用逻辑回归算法实现概率预测

步骤 6 随机梯度下降法

梯度下降法在每次更新参数时都需要遍历整个数据集,该方法在处理 100 个左右的数据集时尚可,但如果有数十亿样本和成千上万的特征,那么该方法的计算复杂度就太高了。一种改进方法是一次仅用一个样本点更新回归系数,该方法称为随机梯度下降算法。

```python
#随机梯度下降算法
def stocGradAscent0(dataMat, classLabels,numIter =100):
    # 读取形状
    m, n = np.shape(dataMat)
    # 设置学习率
    alpha = 0.01
    # 初始化权重参数
    weights = np.ones(n)
    # 随机梯度下降
    for j in range(numIter):
        for i in range(m):
            # 对一个参数应用激活函数
            h = Sigmoid(sum(dataMat[i]* weights))
            # 计算损失
            error = classLabels[i] - h
            #更新权重
            weights = weights + alpha * error * dataMat[i]
    # 返回权重
    return weights
# 调用随机梯度下降函数
weights = stocGradAscent0(np.array(dataMat), labelMat,10)
#打印权重
weights
```

运行结果如下所示。

```
array([ 2.06626973,  0.3735852 , -0.4239816 ])
```

步骤 7 绘制随机梯度下降拟合线

```
plotBestFit(weights)
```

运行结果如下所示。

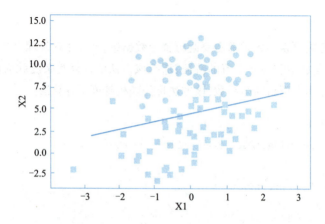

步骤8 改进随机梯度下降法

使步长 alpha 每次迭代时都会调整,且 alpha 会随着迭代次数不断减小,但永远不会减小到 0（常数项）——可以保证多次迭代后新数据仍然有影响。

随机选取样本值更新系数,这种方法将减少周期性的波动,即每次随机地从样本中选出一个值,更新参数后将其删除,再进行下一次迭代。

```python
#改进的随机梯度下降算法
def stocGradAscent1(dataMatrix, classLabels, numIter=150):
    m, n = np.shape(dataMatrix)
    weights = np.ones(n)
    #初始化权重为全1
    for j in range(numIter):
        dataIndex = list(range(m))
        # Python 3 中 range 不返回数组对象,而是返回 range 对象
        for i in range(m):
            # alpha 随着迭代次数在变化
            alpha = 4/(1.0+j+i)+0.0001
            #随机选取更新
            randIndex = int(np.random.uniform(0, len(dataIndex)))
            h = Sigmoid(sum(dataMatrix[randIndex]* weights))
            error = classLabels[randIndex] - h
            #权重参数更新公式
            weights = weights + alpha * error * dataMatrix[randIndex]
            del(dataIndex[randIndex])
    return weights
weights = stocGradAscent1(np.array(dataMat), labelMat, 20)
#打印权重
weights
```

运行结果如下所示。

```
array([10.89285765,  0.72632179, -1.70113713])
```

步骤9 随机梯度下降改进后划分效果

```
plotBestFit(weights)
```

运行结果如下所示。

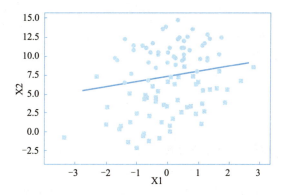

以上结果显示,仅仅对数据集做了20次遍历,而之前的梯度下降方法是500次。
改进后的随机梯度下降效果与梯度下降基本相当,但是训练过程所使用的计算量更少。

步骤10 三种方法对比

为了更清晰明了地对比梯度下降和随机梯度下降的效果,可以通过交互方式选择不同的优化方法、拖动迭代次数滚动条,观察分界线的变化。

```
#以下代码主要用于交互演示,无须掌握
from ipywidgets import interactive
import ipywidgets as widgets
import warnings
def compareGrad(func,max_iters):
    weights = func(np.array(dataMat), labelMat, max_iters)
    plotBestFit(weights)
interactive(compareGrad,func = widgets. Dropdown(options = {
'梯度下降':gradAscent,'随机梯度下降':stocGradAscent0,'改进随机梯度下降':
stocGradAscent1}, description ='优化方法'), max_iters = widgets
.IntSlider(min = 0,max =600,description ='最大迭代次数'))
```

运行结果如下所示。

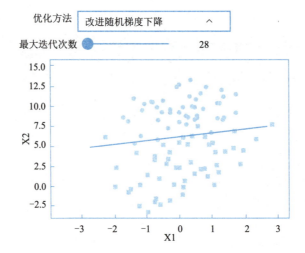

习题

1. 逻辑回归模型可以解决线性不可分问题吗?(　　)。
   A. 可以　　　　　　　　　　　　B. 不可以
   C. 视数据具体情况而定　　　　　D. 以上说法都不对

2. 参考"任务3-4 随机梯度下降",使用鸢尾花数据集,选择2种花(标签为0,1),特征任取两维,通过随机梯度下降,实现两种鸢尾花的分类。参考步骤如下:

   步骤1　导入必要的包;
   步骤2　获取鸢尾花数据,前100个样本均为0,1标签;
   步骤3　绘制数据分布图;
   步骤4　定义Sigmoid函数;
   步骤5　随机梯度下降算法,输出权重;
   步骤6　画出数据集和logistic回归最佳拟合直线。

视频
逻辑回归预测用户是否按期还款

任务3-5　逻辑回归预测用户是否按期还款

1. 测一测

①逻辑回归在sklearn中通过_____类实现。
②penalty:指定对数似然函数中加入的正则化项,默认值为_____,表示添加_____正则项。
③tol:设定判断迭代收敛的_____,默认值为0.0001。
④c:指定正则化项的权重,是正则惩罚项系数的倒数,所以c越小,正则化项_____。
⑤max_iter:_____。

2. 实训步骤

随着金融知识的普及,越来越多的人开始改变自己的消费观念,"超前消费"的观念越来越被

项目 3 运用逻辑回归算法实现概率预测

社会接受;贷款申请人向银行申请贷款时,银行会通过线上或线下让客户填写贷款申请单,收集客户的基本信息,如年龄、收入情况,同时会借助第三方平台如征信机构等信息;这种方式带来便利的同时也带来了一些问题,一部分人因为资金不够周转无法还款了,在贷款供应端就出现了信用评分的问题。

机器学习算法中逻辑回归算法可以通过以前的客户数据训练出一个预测模型,当有新客户时,可以通过新客户的信息评估该客户的还款能力(预测用户是否会在 90 天内偿还信用借款),从而决定是否向客户发放贷款。

步骤1 导入包

导入逻辑回归类,k 折交叉验证类以及常用的数据处理库、绘图库等。

```
#导入必要的包
from sklearn.linear_model import LogisticRegression
from sklearn.model_selection import GridSearchCV, StratifiedKFold, KFold
import seaborn as sns
import pandas as pd
import matplotlib.pyplot as plt
import numpy as np
% matplotlib inline
import warnings
warnings.filterwarnings('ignore')
```

步骤2 读取数据

读取网页上的 csv 文件,并查看前五行。

```
#读取并预览数据集
data = pd.read_csv('https://labfile.oss.aliyuncs.com/courses/1283/credit_scoring_sample.csv', sep=';')
data.head()
```

运行结果如下所示。

	SeriousDlqin2yrs	age	NumberOfTime30-59DaysPastDueNotWorse	DebtRatio	NumberOfTimes90DaysLate	NumberOfTime60-89DaysPastDueNotWorse	MonthlyIncome	NumberOfDependents
0	0	64	0	0.249908	0	0	8158.0	0.0
1	0	58	0	3870.000000	0	0	NaN	0.0
2	0	41	0	0.456127	0	0	6666.0	0.0
3	0	43	0	0.000190	0	0	10500.0	2.0
4	1	49	0	0.271820	0	0	400.0	0.0

读取完数据,你会发现数据包含一个目标值,七个特征值。

SeriousDlqin2yrs 即为目标值(是否有超过 90 天或更长时间逾期未还款的不良行为),0 代表正常偿还,1 代表延迟偿还。

七个特征说明如下:

age:年龄。
NumberOfTime30-59DaysPastDueNotWorse:逾期 30~59 天的次数。
DebtRatio:还款率。
NumberOfTime90DaysLate:逾期 90 天的次数。
NumberOfTime60-89DaysPastDueNotWorse:逾期 60~89 天的次数。
MonthlyIncome:月收入。
NumberOfDependents:家庭成员人数。

```
#查看各列变量类型
data.dtypes
```

运行结果如下所示。

```
SeriousDlqin2yrs                              int64
age                                           int64
NumberOfTime30-59DaysPastDueNotWorse          int64
DebtRatio                                     float64
NumberOfTimes90DaysLate                       int64
NumberOfTime60-89DaysPastDueNotWorse          int64
MonthlyIncome                                 float64
NumberOfDependents                            float64
dtype: object
```

接下来查看一下数据的类别是否均衡,机器学习中经常遇到数据的类别不均衡(class imbalance),又称数据偏斜(class skew)。以常见的二分类问题为例,希望预测病人是否得了某种罕见疾病。但在历史数据中,阳性的比例可能很低(如百分之 0.01)。在这种情况下,学习出好的分类器是很难的,可以将测试集样本都预测出 99% 是阳性的,虽然准确率很高,但结果没有任何意义。

在本任务的数据中,表示类别的列名为 SeriousDlqin2yrs,那么从绘制出的横向条形图来看,1 类别和 0 类别的数据分布是不均衡的。基于此,在后面构建模型时需要采取对应的策略(配置合适的参数),来避免因为数据不均衡导致的问题。

```
#通过绘图检查类别是否均衡
ax = data['SeriousDlqin2yrs'].hist(orientation='horizontal',color='red')
ax.set_xlabel("number_of_observations")
ax.set_ylabel("unique_value")
ax.set_title("Target distribution")
print('Distribution of the target:')
data['SeriousDlqin2yrs'].value_counts()/data.shape[0]
```

运行结果如下所示。

```
Distribution of the target:
0    0.777511
1    0.222489
Name: SeriousDlqin2yrs, dtype: float64
```

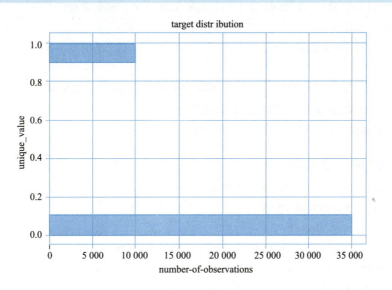

步骤3 数据预处理

在进行模型拟合之前,数据处理是一个非常重要的步骤,数据可能存在缺失值、异常值。

在预览数据时,可以发现,"SeriousDlqin2yrs"表示标签,其余列表示特征,所以先要进行数据特征与标签的划分。

在观察数据时,可以发现,MonthlyIncome 和 NumberOfDependents 列存在 NaN 空值,所以要将这些缺失值补全,这里使用数据的中位数替换 NaN 空值。

(1)分离出数据特征列名称。

```
independent_columns_names = [x for x in data if x ! = 'SeriousDlqin2yrs']
independent_columns_names
```

运行结果如下所示。

```
['age',
'NumberOfTime30 -59DaysPastDueNotWorse',
'DebtRatio',
'NumberOfTimes90DaysLate',
'NumberOfTime60 -89DaysPastDueNotWorse',
'MonthlyIncome',
'NumberOfDependents']
```

(2)使用每列数据的中位数替换 NaN 空值。

```
#编写函数,使用每列数据的中位数替换 NaN 空值
def fill_nan(table):
    for col in table.columns:
        table[col] = table[col].fillna(table[col].median())
    return table
table = fill_nan(data)
```

处理完缺失值之后,现在将特征和标签赋值给不同的变量;并且使用 train_test_split() 数据集划分函数划分训练集、测试集,设置测试集的比例为 0.2。

(3)将特征数据和目标值分离并赋值并且划分数据集。

```
#将特征数据和目标值分离并赋值
X = table[independent_columns_names]
y = table['SeriousDlqin2yrs']
print(X.shape, y.shape)
x_train,x_test,y_train,y_test = train_test_split(x,y,
random_state=1,test_size=0.2)
print("训练集样本数据",x_train.shape[0])
print("测试集样本数",x_test.shape[0])
```

运行结果如下所示。

```
(45063, 7) (45063,)
训练集样本数据 36050
测试集样本数 9013
```

步骤 4　构建逻辑回归分类模型

数据准备完成后即可建立模型,调用 sklearn 中的 LogisticRegression() 函数创建逻辑回归分类模型。

LogisticRegression 类原型说明见任务 3-1 步骤 4。

```
#创建一个 LogisticRegression 模型
lr = LogisticRegression(random_state=5, class_weight='balanced')
```

步骤 5　调用 fit() 方法进行模型训练

```
lr.fit(x_train,y_train)
LogisticRegression(class_weight='balanced', random_state=1)
```

步骤6 对训练好的模型进行测试

```
#输出模型在测试集上的准确率
acc = lr.score(x_test,y_test)
print("模型的准确率为",acc)
```

运行结果如下所示。

```
模型的准确率为 0.8194829690447132
```

习题

1. 假设现在有一组泰坦尼克号受难人员的数据集,其中包括乘客姓名、性别、年龄等数据。想通过算法建立模型,分析获救概率与性别的关系。在这种情况下,应该使用_____算法。

    A. 线性回归   B. kNN

    C. 逻辑回归   D. 决策树

    E. k-means

2. 针对"任务3-5 逻辑回归预测用户是否按期还款",输出测试集中前3个样本预测为每个类别的概率。参考步骤如下:

步骤1 导入必要的包;

步骤2 读取数据集;

步骤3 分离出数据特征列名称;

步骤4 替换 NaN 空值;

步骤5 输入数据标准化;

步骤6 构建 LogisticRegression 模型;

步骤7 输出测试集中前10个样本的预测概率。

项目 4 运用决策树算法进行决策分析

4.1 项目导入

小艾的妹妹最近在认识小动物,老师要求她能够根据小动物的特点进行分类,小艾的妹妹看到这么多动物需要分类很头痛,于是小艾决定教妹妹一种方法。小艾先选了一些动物,根据这些动物的特点进行分类,形成一颗决策树,这样其他动物就可以根据这颗决策树来分类。过程如图 4-1 所示。决策树也是机器学习中解决分类问题的算法之一,该项目将以决策树为核心展开,带你了解决策树的原理、使用决策树完成分类任务,从而熟练掌握决策树算法的应用。

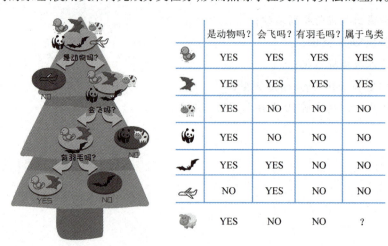

图 4-1 动物分类

4.2 项目目标

(1)了解熵、信息增益、特征选择等概念。

(2) 熟悉决策树算法的工作原理。
(3) 能够应用决策树解决分类问题。
(4) 能够应用决策树解决回归问题。
(5) 了解随机森林的思想。

4.3 知识导入

4.3.1 决策树概念

1. 决策树的定义

决策树(Decision Tree)是在已知各种情况发生概率的基础上,通过构成决策树来求取净现值的期望值大于或等于零的概率,评价项目风险,判断其可行性的决策分析方法,是直观运用概率分析的一种图解法。由于这种决策分支画成图形很像一棵树的枝干,故称决策树。在机器学习中,决策树是一个预测模型,它代表的是对象属性与对象值之间的一种映射关系。

2. 决策树目标

从给定带标签训练集中归纳出一组分类规则,使得对新的实例进行正确分类。决策树分类的过程是一个树形结构,其中每个内部节点表示一个属性(特征)上的判断,每个分支代表是否具有该特征的判断,最后每个叶子节点分别代表一种分类结果。

3. 决策树构造过程

决策树的构造过程一般分为 3 部分,分别是特征选择、决策树生成和决策树剪枝。

4.3.2 相关重要概念

1. 特征选择

决策树的每一个节点代表一个特征,那么在构建过程中,需要在众多的特征中选择一个特征作为当前节点分裂的标准。如何选择合适特征有不同的量化评估方法,如 ID3、C4.5。准则:使用被选特征进行划分数据集后,要使得各子数据集所包含的样本尽可能属于同一类别,即子数据集的纯度比划分之前的数据集纯度高。

2. 熵是什么

1948 年,C. E. Shannon(香农)提出了"信息熵"的概念,才解决了对信息的量化度量问题。信息熵这个词是香农从热力学中借用过来的。热力学中的热熵是表示分子状态混乱程度的物理量。香农用信息熵的概念描述信源的不确定度,也就是熵越大,则随机变量的不确定性越大。随机变量 X 的熵定义为

$$H(X) = -\sum_{i=1}^{n} p_i \log p_i$$

视频

决策树算法应用的介绍

式中,p_i是有限 n 个取值的随机变量 X 的概率分布。

当随机变量的取值为两个(1,0)时,熵随概率的变化曲线如图 4-2 所示。

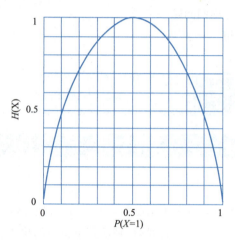

图 4-2　熵的变化曲线

可见当 $X=0$ 或 $X=1$ 时,$H(X)=0$,随机变量完全没有不确定性,当 $X=0.5$ 时,$H(X)=1$,此时随机变量的不确定性最大。

3. 条件熵

条件熵 $H(Y|X)$ 表示在已知随机变量 X 的条件下,随机变量 Y 的不确定性。条件熵 $H(Y|X)$,定义为 X 给定条件下 Y 的条件概率分布的熵对 X 的数学期望。

$$H(Y|X) = \sum_{i=1}^{n} p_i H(Y|X=x_i)$$

对应到决策树中,可以理解为选定了某个特征之后的熵。

4. 信息增益

信息增益表示由于得知特征 A 的信息后数据集 D 的分类不确定性减少的程度。定义如下:

$$\text{Gain}(D,A) = H(D) - H(D|A)$$

集合 D 的熵 $H(D)$ 与特征 A 给定条件下 D 的条件熵 $H(H|A)$ 之差。决策树选择特征时,选择使信息增益最大的特征划分数据集。说明使用该特征后划分得到的子集纯度变高了,即不确定性变小了。

> **小测验**
> ① 熵的概念是由_____提出来的。
> ② 熵越大,说明随机变量的不确定性_____。
> ③ 当使用信息增益选择新的特征作为决策树分支时,应当选择_____的特征。

4.3.3 决策树算法

1. ID3 算法

ID3 算法的核心就是在决策树各个节点上使用信息增益的准则选择特征,递归地构建决策树。算法流程如下:

输入:训练数据集 D,特征集 A,阈值 ε。

输出:决策树 T。

(1)若 D 中所有实例属于同一类 C_k,则 T 为单节点树,并将类 C_k 作为该节点的类标记,返回 T。

(2)若 $A = \varnothing$,则 T 为单节点树,并将 D 中实例数最大的类 C_k 作为该节点的类标记,返回 T。

(3)否则,计算 A 中每个特征对 D 的信息增益,选择信息增益最大的特征 M_k。

(4)如果 M_k 的信息增益小于阈值 ε,则 T 为单节点树,并将 D 中实例数最大的类 C_k 作为该节点的类标记,返回 T。

(5)否则,对 M_k 的每一种可能值,依 $M_k = m_i$ 将 D 分割为若干非空子集 D_i,将 D_i 中实例数最大的类作为标记,构建子节点,由节点及其子树构成树 T,返回 T。

2. C4.5 算法

C4.5 算法与 ID3 算法相似,C4.5 算法是对 ID3 算法做了改进,在生成决策树过程中采用信息增益比选择特征。信息增益比为

$$\text{GainRatio}(D,A) = \frac{\text{Gain}(D,A)}{H(D)}$$

3. CART 算法

$$\text{Gini}(p) = \sum_{k=1}^{n} p_k(1 - p_k) = 1 - \sum_{k=1}^{n} p_k^2$$

基尼指数算法流程:

输入:训练数据集 D,停止计算的条件。

输出:CART 决策树。

根据训练数据集,从根节点开始,递归地对每个节点进行以下操作,构建二叉树。

(1)设节点的训练数据集为 D,计算现有特征对该数据集的基尼指数。此时,对每个特征 A,对其可能取的每个值 a,根据样本点 $A = a$ 的测试为"是"或"否",将 D 分割为 D_1 和 D_2 两部分,利用上式 $\text{Gini}(D,A)$ 计算 $A = a$ 时的基尼指数。

(2)在所有可能的特征 A 以及它们所有可能的切分点 a 中,选择基尼指数最小的特征及其对应可能的切分点作为最优特征与最优切分点。依最优特征与最优切分点,从现节点生成两个子节点,将训练数据集依特征分配到两个子节点中去。

(3)对两个子节点递归地调用(1)、(2),直至满足条件。

(4)生成 CART 决策树。

算法停止计算的条件是节点中的样本个数小于预定阈值,或样本集的基尼指数小于预定阈值,或者没有更多特征。

4.3.4 决策树剪枝

1. 为什么要剪枝?

这样产生的树容易过拟合。原因在于学习时过多地考虑如何对训练数据正确分类,从而构建出的决策树过于茂盛。解决该问题的办法是简化决策树,即剪枝。

2. 剪枝方法

通常情况下剪枝有两种:

预剪枝——在构造过程中,当某个节点满足剪枝条件,则直接停止此分支的构造。

后剪枝——先构造出完整的决策树,再通过某些条件从下往上遍历树进行剪枝。后剪枝是目前最普遍的做法。

1) REP——错误率降低剪枝

现有一个决策树如图 4-3 所示,共 1~10 个节点。

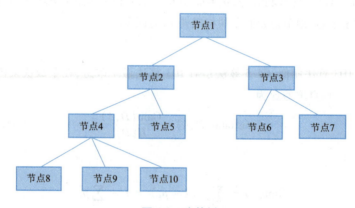

图 4-3 决策树

(1) 尝试将叶子节点 4 删掉,则叶子节点 8、9、10 合并为一个节点(命名为节点 11),节点 11 的类别用节点 8、9、10 包含样本数量最多的那个类确定,节点 11 与节点 5 一起成为节点 2 的叶子节点。然后,测试剪枝后的决策树在验证集上的表现,若分类效果更好或者效果没有变差,则将节点 4 删掉,若表现不好则保留原树的形状。剪枝后效果如图 4-4 所示。

图 4-4 剪枝后的决策树

(2)尝试将节点3删掉,则叶子节点6、7会合并为一个节点(命名为节点12),节点12会成为节点1的叶子节点,然后,测试剪枝后的决策树在验证集上的表现。若分类效果更好或者效果没有变差,则将节点3删掉。

依此类推,形成最简决策树。

2)预剪枝方法

预剪枝的方法有以下几种:

(1)在决策树到达一定高度的情况下就停止树的生长。

(2)到达此节点的实例具有相同的特征向量,而不必一定属于同一类,也可停止生长。

(3)到达此节点的实例个数小于某一个阈值也可停止树的生长。

(4)还有一种更为普遍的做法是计算每次扩张对系统性能的增益,如果这个增益值小于某个阈值则不进行扩展。

4.4 项目实施

任务4-1 决策树预测隐形眼镜类型

决策树预测隐形眼镜类型

1. 测一测

① 计算随机变量 X 的熵,公式是_____。
② 信息增益是指集合 D 的熵 $H(D)$ 与特征 A 给定条件下 D 的_____之差。
③ 决策树算法有_____、_____、CART 等。
④ 当决策树用来分类时,内部节点表示_____。
⑤ 当决策树用来分类时,叶子节点表示_____,是离散值还是连续值?_____。

2. 实训步骤

一副合格的隐形眼镜,需要满足透明度、硬度、韧度、抗张强度、含水量、折射率、氧传导性等一系列严格参数的要求。从隐形眼镜的材质、佩戴时间、镜片功能和抛弃时间,隐形眼镜可以有很多种不同的分类。硬性隐形眼镜又可以分两类:白天佩戴的硬性透气性隐形眼镜(Rigid Gas Permeable Contact Lens,RGP)和夜间佩戴的角膜塑形镜(OK 镜),两种都是采用 RGP 材料。

RGP 适宜人群:

(1)适用于有需求而又无禁忌的任何年龄顾客。
(2)近视、远视、散光、屈光参差,其中高度近视、远视和散光可优先考虑选择。
(3)圆锥角膜及角膜瘢痕等导致的不规则散光。
(4)眼外伤或手术后无晶状体眼。
(5)角膜屈光手术后或角膜移植后出现异常。
(6)因眼部健康情况不适合继续使用软性隐形眼镜的患者。

隐形眼镜数据集是非常著名的数据集，它包含很多患者眼部状况的观察条件以及医生推荐的隐形眼镜类型。推荐的结果一共有三种，适合佩戴硬材质眼镜、适合佩戴软材质眼镜以及不适合佩戴眼镜。特征包括：年龄（age）、症状（prescript）、是否散光（astigmatic）、眼泪数量（tearRate）。下面使用该数据集逐步完成决策树模型的创建和训练，从而针对任意测试样本（人的眼睛状况），实现对其适用的眼镜类型的预测。

步骤1 导入相应包

```
import numpy as np
#科学计算库,用于进行矩阵之间的计算
from sklearn.tree import DecisionTreeClassifier
#从 tree 模块中导入 DecisionTreeClassifier 决策树分类模型
from sklearn.preprocessing import LabelEncoder,OneHotEncoder
#标签化与独热编码
```

步骤2 读取数据

```
fr = open('data-sets/lenses.txt')
#读取文件全部行,删除换行符
lenses = np.array([inst.strip().split('\t') for inst in fr.readlines()])
x = lenses[:,0:-1]
y = lenses[:,-1]
x,y
```

运行结果如下所示。

```
(array([['young', 'myope', 'no', 'reduced'],
        ['young', 'myope', 'no', 'normal'],
        ['young', 'myope', 'yes', 'reduced'],
        ['young', 'myope', 'yes', 'normal'],
        ['young', 'hyper', 'no', 'reduced'],
        ['young', 'hyper', 'no', 'normal'],
        ['young', 'hyper', 'yes', 'reduced'],
        ['young', 'hyper', 'yes', 'normal'],
        ['pre', 'myope', 'no', 'reduced'],
        ['pre', 'myope', 'no', 'normal'],
        ['pre', 'myope', 'yes', 'reduced'],
        ['pre', 'myope', 'yes', 'normal'],
        ['pre', 'hyper', 'no', 'reduced'],
        ['pre', 'hyper', 'no', 'normal'],
        ['pre', 'hyper', 'yes', 'reduced'],
```

```
['pre', 'hyper', 'yes', 'normal'],
['presbyopic', 'myope', 'no', 'reduced'],
['presbyopic', 'myope', 'no', 'normal'],
['presbyopic', 'myope', 'yes', 'reduced'],
['presbyopic', 'myope', 'yes', 'normal'],
['presbyopic', 'hyper', 'no', 'reduced'],
['presbyopic', 'hyper', 'no', 'normal'],
['presbyopic', 'hyper', 'yes', 'reduced'],
['presbyopic', 'hyper', 'yes', 'normal']], dtype='<U10'),
array(['no lenses', 'soft', 'no lenses', 'hard', 'no lenses', 'soft', 'no lenses', 'hard',
        'no lenses', 'soft', 'no lenses', 'hard','no lenses', 'soft', 'no lenses', 'no lenses',
        'no lenses','no lenses', 'no lenses', 'hard', 'no lenses',
        'soft', 'no lenses','no lenses'], dtype='<U10'))
```

步骤3 数据预处理

```
enc = OneHotEncoder()
enc.fit(x)
X = enc.transform(x).toarray()
#对特征进行独热编码
Y = LabelEncoder().fit_transform(y)
#对类别进行01标签编码
```

步骤4 构建决策树分类模型

数据准备完成后,现在需要建立模型,这里是调用sklearn中的DecisionTreeClassifier()函数创建决策树分类模型。

DecisionTreeClassifier()函数原型:

```
class sklearn.tree.DecisionTreeClassifier(
criterion='gini',splitter='best',max_depth=None,min_samples_leaf=1,
max_features=None, class_weight=None)
```

参数说明如下:

criterion:可选参数,特征选择标准有"gini"或者"entropy"两种。

splitter:用来确定每个节点的分裂策略。支持"最佳"或者"随机",数据集样本不大选择best,样本大最好选择random。

max_depth:人工智能针对某一特征连续追问的深度,如果过于刨根问底地追问,有可能会让这棵决策树失智。

min_samples_leaf:限制最大叶子节点数,数值越大,这棵决策树的情商会比较高,追问方式比较平滑。

max_features：建模时使用的最大特征数，一般特征数小于 50 的，会全部使用。

class_weight：指定样本各类别的权重，主要是为了防止训练集某些类别的样本过多导致训练的决策树过于偏向这些类别。设置为"balanced"，则决策树会自己计算权重，样本量少的类别所对应的样本权重会高。

```
#初始化一个决策树模型,并使用默认参数
clf = DecisionTreeClassifier()
#调用 DecisionTreeClassifier 类的 fit()函数开始模型训练
clf.fit(X, Y)
```

运行结果如下所示。

```
DecisionTreeClassifier()
```

步骤5 使用模型进行预测

(1) 整体预测评估。

模型训练完成后，可以使用模型对数据进行预测。调用 predict()函数即可直接输出模型对测试集的预测结果；调用 score()函数即可直接得到模型在测试集上的准确率。

```
pred_labels = clf.predict(X)
#对测试集的数据进行预测
print(pred_labels)
print(clf.score(X,Y))
```

运行结果如下所示。

```
[1 2 1 0 1 2 1 0 1 2 1 0 1 2 1 1 1 1 0 1 2 1 1]
1.0
```

(2) 自定义样本测试。

运行下面的代码，在代码框下方将出现一个交互面板。根据面板中的控件提示，选择每个特征的特征值，即可看到模型预测的结果。如当前样本的年龄段是年轻，症状是近视、有散光、眼泪数量正常，模型预测他适合佩戴 hard 材质的眼镜。

```
#以下代码主要用于交互演示,无须掌握
import ipywidgets as wg
def testModel(age,prescript,astigmatic,tearRate):
    testx = enc.transform(np.array([age,prescript,astigmatic,
                tearRate]).reshape(1, -1))
    if clf.predict(testx) == 0:
        print('预测:适合戴 hard 材质的眼镜')
```

项目 4　运用决策树算法进行决策分析

```
        elif clf.predict(testx) ==2:
            print('预测:适合戴 soft 材质的眼镜')
        else:
            print('预测:不适合戴隐形眼镜')
widget_list =wg.interactive(testModel,age = wg.Dropdown(
        options ={'年轻':'young','小朋友':'pre','老人':
            'presbyopic'},description ='年龄:'),
        prescript = wg.Dropdown(options ={'近视':'myope',
            '远视':'hyper'},description ='症状:'),astigmatic =
        wg.Dropdown(options ={'有散光':'yes','没散光':'no'},
        description ='是否散光:') ,tearRate = wg.Dropdown(
        options ={'正常':'normal','减少':
            'reduced'},description ='眼泪数量:'))
display (wg.Box(children =[widget_list],layout =wg.Layout(display
        ='flex',flex_flow ='column',border ='2px solid orange',
        align_items ='center',width ='100%',height ='100%')))
return myTree
```

运行结果如下所示。

习题

1. 决策树可以解决（　　）问题。

　　A. 二分类　　　　B. 多分类　　　　C. 回归　　　　D. 上述都可以

2. 参照"任务 4-1 决策树预测隐形眼镜类型"，使用隐形眼镜数据集，调用 sklearn 中的 DecisionTreeClassifier 函数，同时尝试配置参数 criterion、max_depth、min_samples_leaf，重新训练模型，并观察和对比模型的预测效果。

任务4-2　决策树分析员工离职情况

1. 测一测

①sklearn 中决策树模型是＿＿＿＿＿＿＿＿＿＿＿＿＿＿＿＿＿＿＿＿＿＿＿＿＿＿＿＿。
②sklearn 中"criterion"参数是什么？如何配置？

视　频

决策树预测
员工离职情况

③决策树深度太深,容易导致_____。
④请写出一个无法用决策树算法解决的案例。
_____

⑤请写出一个如何评估决策树模型好坏的方法。
_____

2. 实训步骤

说到离职的原因,可谓是多种多样,有人是因为薪资不到位,有人是因为寻求更好的平台;但是企业培养人才需要大量的成本,为了防止人才流失,应当注重员工流失分析。员工流失分析是评估公司员工流动率的过程,目的是找到影响员工流失的主要因素,预测未来的员工离职状况,减少重要价值员工流失情况。那本案例就是利用某金融公司的员工离职数据,通过有监督机器学习算法——决策树算法分析员工的离职原因,找到影响员工流失的主要因素。

为达到目标来根据一定的条件进行选择,这个过程就是决策树,如图4-5所示。

```
员工：人事您好，我想要提出离职。
企业HR：为什么想要离职吗？能说说原因吗？是因为薪资问题吗？
员工：不是的，薪资很满意的。
企业HR：是因为工作时长太长了吗？
员工：不是的，工作时长在我的接受范围内。
企业HR：那是因为工作中压力太大了吗？
员工：不是的，压力对于我来说属于中等水平。
企业HR：那是因为…?
员工：…
经历过N轮问答后：
企业HR：请问是职位晋升问题吗？
员工：是的。
```

图 4-5　欲离职员工与 HR 对话

本案例的数据取自于 kaggle 平台分享的数据集,共有 10 个字段 14 999 条记录。数据主要包括影响员工离职的各种因素(员工满意度、绩效考核、参与项目数、平均每月工作时长、工作年限、是否发生过工作差错、5 年内是否升职、部门、薪资)以及员工是否已经离职的对应记录。

步骤1　导入相关包

导入相关的库,在本案例中,需要从 sklearn 的 tree 模块中导入 DecisionTreeClassifier(),以及读取 csv 格式文件的 Pandas 模块、划分数据集的函数 train_test_split()等。

```
import pandas as pd
#导入 pandas 模块,数据分析库
#从 Sklearn 模块中导入以下模块:
```

```
from sklearn.model_selection import train_test_split
#数据集划分函数
fromsklearn.tree import DecisionTreeClassifier
#决策树分类模型
from sklearn.metrics import classification_report, f1_score, roc_curve    #评价指标
函数(准确率、召回率)
```

步骤 2 读取数据

使用 pd.read_csv( ) 函数读取数据, pd.read_csv( ) 函数中数据输入的路径可以是文件路径、URL, 本案例数据的路径为"./data-sets/StaffLoss.csv"; 先读取数据, 显示该数据的前五行。

```
df = pd.read_csv('./data-sets/StaffLoss.csv')
df.head()
```

运行结果如下所示。

	satisfaction_level	last_evaluation	number_project	average_montly_hours	time_spend_company	Work_accident	left	promotion_last_5years	sales	salary
0	0.38	0.53	2	157	3	0	1	0	sales	low
1	0.80	0.86	5	262	6	0	1	0	sales	medium
2	0.11	0.88	7	272	4	0	1	0	sales	medium
3	0.72	0.87	5	223	5	0	1	0	sales	low
4	0.37	0.52	2	159	3	0	1	0	sales	low

预览完数据之后, 查看数据各列变量的类型并查看缺失值, 以便对数据有个整体认知。

步骤 3 数据基本预处理

(1) 查看缺失值。

```
#查看缺失值
df.isnull()
```

运行结果如下所示。

```
satisfaction_level       0
last_evaluation          0
number_project           0
average_montly_hours     0
time_spend_company       0
Work_accident            0
left                     0
promotion_last_5years    0
sales                    0
salary                   0
dtype: int64
```

(2)数据转换。

观察数据可以发现,数据的特征是有连续也有离散的,其中离散的数据又分为两种情况。一种情况是这些特征的取值之间没有大小的意义,如 salary 列,它以"low""medium""high"三个档次衡量薪资,并且它们之间的大小是有意义的,所以需要将该特征转换为数值型,将 low 映射为"0",medium 映射为"1",high 映射为"2";还有一种情况是特征之间的取值没有意义,如 sales 列,它的取值是"IT"部门、"management"部门等,这样的特征我们要进行独热编码,pd.get_dummies 就是将数据中的这些特征进行独热编码。

```
df['salary'] = df['salary'].map({'low':0,"medium":1,'high':2})
df_dummies = pd.get_dummies(df,prefix='sales')
#查看前五行转换后的数据
df_dummies.head()
```

运行结果如下所示。

Work_accident	left	promotion_last_5years	salary	sales_IT	sales_RandD	sales_accounting	sales_hr	sales_management	sales_marketing	sales_product_mng
0	1	0	0	0	0	0	0	0	0	0
0	1	0	1	0	0	0	0	0	0	0
0	1	0	1	0	0	0	0	0	0	0
0	1	0	0	0	0	0	0	0	0	0
0	1	0	0	0	0	0	0	0	0	0

(3)分离特征和标签。

数据集中 left 列表示的是是否离职,故这列是数据标签,其余为特征。

```
x = df_dummies.drop('left',axis = 1)
#drop()方法删去 left 列得到训练特征集
y = df_dummies['left']
#用 left 列作为标签集
```

(4)划分数据集。划分数据集会使用 train_test_split()函数,其中测试集比例为0.2。

```
#使用 train_test_split()函数划分训练集和测试集,设置测试集比例为 0.2,设置随机种子为 2020
x_train,x_test,y_train,y_test = train_test_split(
    x,y,random_state = 1,test_size=0.2)
#输出训练集和测试集对应的输入和输出数据的形状
print(X_train.shape, X_test.shape, y_train.shape, y_test.shape)
```

运行结果如下所示。

```
(11999, 18) (3000, 18) (11999,) (3000,)
```

项目4 运用决策树算法进行决策分析

步骤4 构建决策树分类模型

数据准备完成后,现在需要建立模型,这里调用 sklearn 中的 DecisionTreeClassifier( ) 函数创建决策树分类模型。

```
#初始化决策树分类模型,并设置参数。criterion 即特征选择标准设为"gini",max_depth 即树的最大深度设为5,随机种子数为25
dtc = DecisionTreeClassifier(criterion = "gini", max_depth = 5, random_state = 25)
```

步骤5 调用 fit( ) 方法,进行模型训练

```
#输入数据进行训练
dtc.fit(x_train, y_train)
```

运行结果如下所示。

```
DecisionTreeClassifier(max_depth = 5)
```

步骤6 对训练好的模型进行预测评估

(1) 对训练集的数据进行预测。

```
#对 X_train 训练集的数据进行预测
train_pred = clf.predict(X_train)
#打印结果
print('训练集:\n', classification_report(y_train, train_pred)) [0 0 0 ... 0 1 0]
```

运行结果如下所示。

```
训练集:
              precision    recall   f1-score   support

           0      0.98       0.99      0.98       9142
           1      0.97       0.93      0.95       2857

    accuracy                           0.98      11999
   macro avg      0.97       0.96      0.97      11999
weighted avg      0.98       0.98      0.97      11999
```

(2) 对测试集的数据进行预测。

```
#对 x_test 测试集的数据进行预测
test_pred = clf.predict(X_test)
#打印结果
print('测试集:\n', classification_report(y_test, test_pred))
```

运行结果如下所示。

```
测试集：
              precision    recall   f1-score   support

           0       0.98      0.99      0.98      2286
           1       0.97      0.93      0.95       714

    accuracy                           0.98      3000
   macro avg       0.97      0.96      0.97      3000
weighted avg       0.98      0.98      0.98      3000
```

步骤7 特征重要性排序

```
#用 pd.DataFrame()方法创建一个表格,类似电子表的数据结构
#将其中的参数解压后存放在 DataFrame 里,设置列名为"vars" "importance"
imp = pd.DataFrame([* zip(X_train.columns,
    clf.feature_importances_)], columns = ['vars', 'importance'])
#将特征重要性不为 0 的特征传入到表格中
imp = imp[imp.importance! =0]
#依照表格中的 importance 进行降序排序
imp.sort_values('importance', ascending = False)
```

运行结果如下所示。

	vars	importance
0	satisfaction_level	0.528842
4	time_spend_company	0.157450
1	last_evaluation	0.147619
2	number_project	0.099805
3	average_montly_hours	0.066193
17	sales_technical	0.000091

从该步骤代码的运行结果中可以看出,在属性的重要性排序中,员工满意度最高,其次是最新的绩效考核、参与项目数、每月工作时长。

习 题

1. 信息增益越大说明该数据集的纯度越高。(　　)

　　A. 正确　　　　　　　　　　　　　　B. 错误

2. 请使用如下给定的数据集(天气数据集),完成决策树模型的训练和预测。

数据集如下:该数据集中前四列分别表示天气特征:天气、温度、湿度、是否有风,最后一列表示是否适合打网球。将数据集划分为训练集和测试集(最后四行),然后使用测试集数据进行预测。

[["晴","热","高","否","不适合"],

["晴","热","高","是","不适合"],
["阴","热","高","否","适合"],
["雨","温","高","否","适合"],
["雨","凉爽","中","否","适合"],
["雨","凉爽","中","是","不适合"],
["阴","凉爽","中","是","适合"],
["晴","温","高","否","不适合"],
["晴","凉爽","中","否","适合"],
["雨","温","中","否","适合"],
["晴","温","中","是","适合"],
["阴","温","高","是","适合"],
["阴","热","中","否","适合"],
["雨","温","高","是","不适合"]]

参考步骤如下：

步骤1　导入相关包；
步骤2　构造数据集；
步骤3　数据集预处理；
步骤4　构建决策树模型；
步骤5　训练决策树模型；
步骤6　模型预测。

任务4-3　决策树带你做导购

1. 测一测

①请写出过拟合和欠拟合的区别：_____。
②决策树算法有：_____。
③决策树如果出现了过拟合，解决方法是_____
_____。
④决策树的停止条件有：_____。
⑤简述决策树 ID3 算法的流程：_____。

决策树
带你做导购

2. 实训步骤

小艾的姨妈是一名生活用品导购员，为了提升业绩，她需要总结和分析每天顾客的消费行为习惯，从而更好地给顾客推荐商品。如在做护发素促销过程中，针对不同时间、不同顾客、不同的购买行为，预测顾客会不会购买护发素。小艾为了帮助姨妈，做了几天的详细记录，于是他有了一批数据,然后利用这批数据训练一个决策树模型,从而合理地向顾客推荐生活用品。

步骤1 导入包

```
import pandas as pd
#数据分析库,用来读取数据
import numpy as np
#科学计算库,用来进行矩阵之间的计算
from sklearn.tree import DecisionTreeClassifier
#从 tree 模块中导入 DecisionTreeClassifier 决策树分类模型
from sklearn.preprocessing import LabelEncoder,OneHotEncoder
#标签化与独热编码
from IPython.display import Image
#display 模块用于可视化
from sklearn.model_selection import train_test_split
#数据集划分函数
```

步骤2 读取数据

在"data-sets/daogou.txt"文件中存储了相关数据,并提取出输入特征 x 和输出标签 y。

```
fr = open('data-sets/daogou.txt')
lenses = np.array([inst.strip().split('\t') for inst in fr.readlines()])
#读取文件全部行,删除换行符
x = lenses[:,0:-1]
y = lenses[:,-1]
#打印输入和输出
x,y
```

运行结果如下所示。

```
(array([['男', '买菜了', '没买洗发水', '白天'],
        ['男', '买菜了', '没买洗发水', '白天'],
        ['女', '买菜了', '没买洗发水', '白天'],
        ['女', '买菜了', '买了洗发水', '白天'],
        ['男', '买菜了', '没买洗发水', '白天'],
        ['男', '买菜了', '没买洗发水', '白天'],
        ['男', '买菜了', '没买洗发水', '白天'],
        ['女', '买菜了', '买了洗发水', '白天'],
        ['男', '买菜了', '买了洗发水', '白天'],
        ['男', '买菜了', '买了洗发水', '晚上'],
        ['男', '没买菜', '买了洗发水', '晚上'],
```

```
              ['男','没买菜','买了洗发水','白天'],
              ['女','没买菜','没买洗发水','白天'],
              ['女','没买菜','没买洗发水','晚上'],
              ['男','没买菜','没买洗发水','白天'],
              ['男','买菜了','没买洗发水','白天'],
              ['男','买菜了','没买洗发水','白天'],
              ['女','买菜了','没买洗发水','白天'],
              ['女','买菜了','买了洗发水','白天'],
              ['男','买菜了','没买洗发水','白天'],
              ['男','买菜了','没买洗发水','白天'],
              ['男','买菜了','没买洗发水','白天'],
              ['女','买菜了','买了洗发水','白天'],
              ['男','买菜了','买了洗发水','白天'],
              ['男','买菜了','买了洗发水','晚上'],
              ['男','没买菜','买了洗发水','晚上'],
              ['男','没买菜','买了洗发水','白天'],
              ['女','没买菜','没买洗发水','白天'],
              ['女','没买菜','没买洗发水','晚上'],
              ['男','没买菜','没买洗发水','白天']], dtype='<U5'),
array(['不买护发素','不买护发素','不买护发素','要买护发素','不买护发素','不买护发素','不买护发素','要买护发素','要买护发素','要买护发素','要买护发素','不买护发素','不买护发素','不买护发素','不买护发素','不买护发素','不买护发素','不买护发素','要买护发素','不买护发素','不买护发素','不买护发素','要买护发素','不买护发素','要买护发素','要买护发素','不买护发素','不买护发素','不买护发素','不买护发素'], dtype='<U5'))
```

步骤3 数据预处理

从步骤2打印的数据可以看到,输入特征和输出标签均是中文文本,直接将其送入模型处理显然是不可取的,因此,需要对其进行一定的形式转化。如对于 x,调用 sklearn 中的 OneHotEncoder()方法转换成独热编码;对于 y,调用 LabelEncoder()方法转换成标签编码。

```
enc = OneHotEncoder()
enc.fit(x)
X = enc.transform(x).toarray()
#对特征进行独热编码
Y = LabelEncoder().fit_transform(y)
#对类别进行01标签编码
```

步骤4 划分数据集

调用 sklearn 中的 train_test_split()函数将数据集划分为训练集和测试集。

```
#比例按照测试集占 20% 划分;将随机种子设为 2020 保证每次运行划分结果不变
X_train, X_test, y_train, y_test = train_test_split(X, Y,
                    test_size=0.2, random_state=2020)
```

步骤5 构建决策树分类模型

数据准备完成后,现在需要建立模型,这里是调用 sklearn 中的 DecisionTreeClassifier( )函数创建决策树分类模型。

```
#初始化 DecisionTreeClassifier 模型
clf = DecisionTreeClassifier(criterion='entropy',max_depth=3)
#调用 fit( )函数开始模型训练
clf.fit(X_train, y_train)
```

运行结果如下所示。

```
DecisionTreeClassifier(criterion='entropy', max_depth=3)
```

步骤6 使用模型进行评估

(1)整体预测评估。

模型训练完成后,可以使用模型对数据进行预测,调用 predict( )函数即可。

```
pred_labels = clf.predict(X_test)      #对测试集的数据进行预测
print(pred_labels)
print(clf.score(X_test,y_test))
```

运行结果如下所示。

```
[0 0 0 0 1 0]
0.8333333333333334
```

(2)自定义样本测试。

运行下面的代码,在代码下方将出现一个交互面板,根据面板中的控件提示,选择每个特征的特征值,即可看到模型预测的结果。如顾客性别为女,买菜了,但没买洗发水,现在的时间是晚上,模型预测她应该不会买护发素,所以针对这位顾客,不需要向其推荐护发素。

```
#以下代码用于交互演示,无须掌握
import ipywidgets as wg
def testModel(sex,maicai,xifashui,time):
    testx = enc.transform(np.array([sex,maicai,xifashui,time]).reshape(1, -1))
    if clf.predict(testx)==0:
        print('预测:ta 应该不买护发素')
    else:
```

```
                  print('预测:ta 应该要买护发素')
widget_list = wg.interactive(testModel,sex = wg.Dropdown(
           options = {'男','女'},description ='性别:'),
           maicai = wg.Dropdown(options = {'买菜了','没买菜'},
           description ='买菜没:'),xifashui = wg.Dropdown(
           options = {'买了洗发水','没买洗发水'},
           description ='买洗发水没:') ,time = wg.Dropdown(
           options = {'白天','晚上'},description ='时间:'))
display(wg.Box(children = [widget_list],layout = wg.Layout(
           display ='flex',flex_flow ='column',border ='2px solid orange',
           align_items ='center',width ='100% ',height ='100% ')))
```

运行结果如下所示。

习 题

1. 决策树 C4.5 算法中,使用什么标准选择特征(　　)。

　　A. 信息增益　　　　　　　　　　B. 信息增益比

　　C. 信息增益平方　　　　　　　　D. 信息增益的倒数

2. "判断某大学生是否能通过体测"——具体数据如下:请构建一个决策树模型,实现对大学生体测问题做出预测。

性别	年龄	身高	体重	跑步成绩	推举重量	立定跳远	俯卧撑次数	仰卧起坐次数	是否通过体测
男性	20	175	70	12	80	2.5	25	30	是
男性	22	180	75	10	70	2.3	20	35	是
女性	21	165	55	15	50	1.8	15	25	是
女性	19	160	50	18	45	1.7	10	20	是
男性	20	185	80	14	90	2.8	30	40	是
女性	22	170	60	16	55	1.9	20	30	否
男性	21	178	72	11	75	2.4	18	28	否
女性	20	163	48	19	40	1.6	12	22	否

续上表

性别	年龄	身高	体重	跑步成绩	推举重量	立定跳远	俯卧撑次数	仰卧起坐次数	是否通过体测
男性	19	172	68	13	70	2.1	20	32	是
女性	21	168	58	14	48	1.7	16	27	是

请你预测一个大学生,他的身高、体重及体测成绩如下,请你预测该同学是否能通过体测。

女性	20	170	62	13.5	52	1.9	18	24	否

任务4-4 决策树预测泰坦尼克号生还概率

1. 测一测

①决策树用来解决_____问题。
②决策树构造中有三种节点:根节点、子节点、_____。
③决策树构造中关键在于选择哪个_____作为决策树分支节点。
④ID3算法中选择分支属性的标准是_____。
⑤写出决策树剪枝的一个优点_____。

2. 实训步骤

泰坦尼克号不只是一部电影,还是真实存在的历史。

1912年4月11日,当时世界上最大、最先进、最舒适的邮轮"泰坦尼克号"载着总共2 224名船员和旅客,从昆士敦启航,开始了横渡大西洋的首航。4月14日23:40,"泰坦尼克号"在北大西洋遇到冰山,客轮与冰山重重地擦过,划开了100多米的大口子,前5个舱有隔离挡板,第六舱(即邮件舱)没有隔离挡板,也被划开了,海水以每小时6 000 t的速度涌入,抢险也无济于事,最终沉没,只有705人生还。"泰坦尼克号"沉没的消息震惊了整个西方世界。现有一批"泰坦尼克号"乘客的相关数据,使用决策树研究泰坦尼克号上乘客生还的概率。

本案例的数据集包含两部分——训练集(891条信息)和测试集(418条信息)。记录着登上泰坦尼克号中乘客的个人信息,包含姓名、年龄等,以及最终是否从泰坦尼克号的灾难中幸免,而测试集中是否幸存这一列则等待探寻。运用代码从训练数据集中学习到乘客最终能否幸存的规律,并且将之应用于测试数据集上,得到测试样本的生还概率。

步骤1 导入相关包

导入相关的库,在本案例中,需要从sklearn的tree模块中导入DecisionTreeClassifier,以及用于读取csv格式文件的Pandas库、用于各种矩阵运算的NumPy库、数据集划分函数train_test_split()、特征向量化等。

项目4　运用决策树算法进行决策分析

```
import pandas as pd
#数据分析库,用来读取数据
import numpy as np
#科学计算库,用来进行矩阵之间的计算
from sklearn.tree import DecisionTreeClassifier
#从 tree 模块中导入 DecisionTreeClassifier 决策树分类模型
from sklearn.model_selection import cross_val_score
#从 sklearn 的 model_selection 中导入 cross_val_score()函数,用来计算交叉验证模型的准确率
```

步骤2　获取数据

使用 pd.read_csv()方法读取数据,pd.read_csv()方法中数据输入的路径可以是文件路径、URL,本案例数据的路径为"./data-sets/train.csv"。先读取数据,显示该数据的前五行。

```
#读取并预览数据集
train_data = pd.read_csv('./data-sets/train.csv')
#读取训练集
test_data = pd.read_csv('./data-sets/test.csv')
#读取测试集
print('预览训练数据的前五行:',)
train_data.head()        #显示测试数据的前五行
```

运行结果如下所示。

预览训练数据的前五行:

	Pclass	Age	SibSp	Parch	Fare	Sex_female	Sex_male	Embarked_C	Embarked_Q	Embarked_S	Survived
0	3	22.0	1	0	7.2500	0	1	0	0	1	0
1	1	38.0	1	0	71.2833	1	0	1	0	0	1
2	3	26.0	0	0	7.9250	1	0	0	0	1	1
3	1	35.0	1	0	53.1000	1	0	0	0	1	1
4	3	35.0	0	0	8.0500	0	1	0	0	1	0

读取完训练数据,数据字段说明如下:

PassengerId(用户编号):记录乘客的 Id 编号,不具有分析的价值。

Survived(是否存活):描述乘客是否存活。0 为用户未能存活;1 为用户存活。

Pclass(用户阶级):描述用户所属的等级,总共分为三等,用 1、2、3 描述。其中,1-1st class 为高等用户;2-2nd class 为中等用户;3-3rd class 为低等用户。

Name(名字):描述乘客的全名。

Sex_*(性别):描述乘客的性别,其中,male 为男性;female 为女性。

Age(年龄):描述乘客的年龄,其中有部分缺失值,需要用一些手段将其补全,具体方法方在

下面数据清洗中。

SibSp：描述了泰坦尼克号上与乘客同行的兄弟姐妹(Siblings)和配偶(Spouse)数目。

Parch：描述了泰坦尼克号上与乘客同行的家长(Parents)和孩子(Children)数目。

Ticket(船票号)：描述乘客登船所使用的船票编号。虽然它没有编码上的规律，不存在缺失值，但是唯一值可以看到，同之前唯一定位的乘客编号不同，也就是说可能会有人重复使用船票的情况，具体处理在数据清洗中介绍，能够找到资料支撑这一想法。

Fare(乘客费用)：描述乘客上船所花费的费用。

Cabin(船舱)：描述乘客所住的船舱编号。由两部分组成，舱位号和房间编号，如 C88 中，C 和 88 分别对应 C 舱位和 88 号房间。本字段缺失值较多，具体处理方法会在后面的数据清洗部分进行介绍。

Embarked(港口)：描述乘客上船时的港口，其中，C(Cherbourg)；Q(Queenstown)；S(Southampton)。

步骤3 数据预处理

这一步划分特征值和标签，表格中"Survived"列作为标签，其余都作为特征。

```
features = ['Pclass', 'Sex_female', 'Sex_male','Age', 'SibSp', 'Parch', 'Fare', 'Embarked_C',
'Embarked_Q','Embarked_S']
#列出特征名
train_features = train_data[features]
#在训练集中选择上述特征的数据赋值给 train_features
train_labels = train_data['Survived']
#在训练集中划分标签,列名为'Survived':表示生存情况
test_features = test_data[features]
#测试集中只有特征列,没有标签列,在测试集中划分特征
#创建决策树分类模型
clf = DecisionTreeClassifier(criterion ='entropy')
```

步骤4 调用 fit( ) 方法进行模型训练

```
#输入数据进行训练
clf.fit(train_features, train_labels)
#传入训练集的特征和标签
```

运行结果如下所示。

```
DecisionTreeClassifier(criterion ='entropy')
```

步骤5 对训练好的模型进行预测

```
pred_labels = clf.predict(test_features)
print(pred_labels)
```

运行结果如下所示。

```
[0 0 1 1 0 0 0 0 1 0 0 0 1 0 1 1 0 1 1 0 1 1 1 0 1 0 1 1 1 0 0 0 1 0 1 0 0
 0 0 1 0 0 0 1 1 0 0 0 1 0 0 0 1 0 1 0 0 0 0 1 0 0 0 1 1 1 1 0 0 1 1 0 0 0
 1 0 0 0 0 1 1 0 0 0 0 0 1 1 0 1 0 0 0 0 0 1 1 1 1 1 0 0 0 1 0 0 0 1 0 0
 0 1 1 1 0 0 1 1 1 1 0 1 0 0 1 0 1 0 0 0 0 0 0 0 0 0 0 0 1 1 0 0 0 0 0
 0 0 1 0 0 1 0 0 1 1 0 1 0 1 1 0 0 1 1 0 1 0 1 0 0 0 0 1 1 1 1 1 1 0 0 1 0 1
 0 1 0 0 0 0 1 1 1 0 1 0 1 0 1 0 0 0 0 0 1 0 0 0 0 1 0 1 0
 1 1 1 1 0 0 0 0 1 1 0 1 0 1 1 1 1 1 1 1 0 0 0 1 1 1 1 1 0 0 0 0 0 0 0 1
 0 0 0 1 0 0 0 0 1 0 0 0 1 0 0 0 0 1 0 0 0 1 0 0 0 0 0 1 0 1 0
 0 0 0 0 1 0 0 1 0 0 0 0 1 0 0 0 1 1 1 0 0 0 0 0 0 1 1 0 1 0 0 0 1 0 0
 1 0 0 0 0 1 1 0 0 0 0 0 1 1 0 1 0 0 0 1 0 0 0 1 0 0 0 1 0 1 1 1 1 0 0 1 1 1
 0 1 0 0 1 1 0 0 0 0 0 0 1 1 0 1 0 0 1 0 1 1 0 0 0 1 0 1 0 0 1 0 1 0 0 1 0
 0 0 1 0 1 0 0 1 0 0 0]
```

在机器学习算法解决问题时,有时会遇到数据样本不充足的情况,这个时候可以使用 k 折交叉验证的方法充分利用数据集。

交叉验证是一种常用的验证分类准确率的方法,原理是拿出大部分样本进行训练,少量的用于分类器的验证。k 折交叉验证,就是做 k 次交叉验证,每次选取 $1/k$ 的数据作为验证,其余作为训练。轮流 k 次,取平均值;在 sklearn 的 model_selection 模型选择中提供了 cross_val_score( ) 函数。该函数可以记录每次训练的准确率;参数 cv 代表将原始数据划分成多少份,也就是 k 值,一般建议 k 值取 10,因此可以设置 cv = 10,对比一下 score 和 cross_val_score 两种函数下的正确率的评估结果。

```
#得到决策树在整个训练集的准确率
acc_decision_tree = round(clf.score( train_features, train_labels), 6)
#round()函数返回浮点数 x 的四舍五入值
print('score 准确率为: {:.2% }'. format(acc_decision_tree))
#使用 k 折交叉验证统计决策树准确率
print('cross_val_score 的准确率: {:.2% }'.
format(np. mean(cross_val_score(clf,train_features,train_labels, cv =10))))
#cross_val_score 返回的是 k 次训练的准确率,np. mean 是取均值
```

运行结果如下所示。

```
score 准确率为:98.20%
cross_val_score 的准确率:78.23%
```

步骤6 调节决策树参数重新训练

(1)输出当 criterion = 'gini'时的模型准确率。

```
clf = DecisionTreeClassifier(criterion ='gini')
clf.fit(train_features, train_labels)
acc_decision_tree = round( clf.score(train_features, train_labels), 6)
#round()函数返回浮点数 x 的四舍五入值
print('当 criterion ="gini"时的模型准确率为：{:.2% }'.
    format(acc_decision_tree))
```

运行结果如下所示。

```
当 criterion = gini 时的模型准确率为:98.20%
```

（2）输出当 max_depth = 5 时模型的准确率。

```
clf = DecisionTreeClassifier( criterion ='entropy',max_depth = 5)
clf.fit(train_features, train_labels)
acc_decision_tree = round(clf.score(train_features, train_labels), 6)
#round()函数返回浮点数 x 的四舍五入值
print('max_depth = 5 时的模型准确率为：{:.2% }'. format(acc_decision_tree))
```

运行结果如下所示。

```
max_depth = 5 时的模型准确率为:84.96%
```

步骤7 特征重要性排序

这里主要调用决策树的参数 feature_importances_，将特征按照重要性从大到小依次输出。

```
imp = pd.DataFrame([* zip(train_features.columns,
    clf.feature_importances_)], columns = ['vars', 'importance'])
#按照重要性大小从高到低降序输出
imp.sort_values('importance', ascending = False)
```

运行结果如下所示。

	vars	importance
2	Sex_male	0.309335
3	Age	0.261080
6	Fare	0.234244
0	Pclass	0.108358
4	SibSp	0.048939
5	Parch	0.021138
7	Embarked_C	0.011673
8	Embarked_Q	0.005231
1	Sex_female	0.000000

项目 4　运用决策树算法进行决策分析

习　题

1. 用决策树分类时,叶子节点表示(　　)。
   A. 特征　　　　　　　　　　　B. 预测结果或者是分类结果
   C. 属性　　　　　　　　　　　D. 参数

2. 针对"决策树预测泰坦尼克号生还概率"问题,为了更直观地展示构建的决策树分类模型,须安装 pydotplus 库,并调用 sklearn.tree 模块中的 export_graphviz( ) 方法实现决策树的图形展示,类似结果如图 4-6 所示。

任务 4-5　决策树与随机森林效果对比

视　频

决策树与随机森林效果对比

1. 测一测

①除了熵之外,还有_____是度量信息不确定性的指标。

②如果你构建的决策树过度拟合训练集,那么降低_____可能是一个有效的办法。

③sklearn 中用于构建决策树分类模型的模块是_____,用于构建决策树回归模型的模块是_____。

④对于非数值型数据,决策树_____(可以直接处理/无法处理)。

⑤决策树的剪枝策略有_____、_____。

2. 实训步骤

在正式进行实训之前,先了解集成学习、随机森林的概念。

集成学习(Ensemble Learning),通过构建并结合多个学习器完成学习任务,有时又称多分类器系统(multi-classifier system)。个体学习器通常使用一个现有的学习算法在特定的数据集上训练产生。集成学习包含三个典型算法:Bagging、Boosting 和 Stacking。

(1) Bagging:从训练集进行子抽样组成每个基模型所需要的子训练集,对所有基模型预测的结果进行综合产生最终的预测结果。

从很多的个体学习器中得到了不同效果的分类模型,那么如何得到最终的模型呢? 如果是回归问题,则取平均;如果是分类问题,则投票,遵从少数服从所属的原则。

(2) Boosting:训练过程为阶梯状,基模型按次序一一进行训练,在迭代训练多个基模型的过程中,训练集按照一定的策略每次都进行权重更新。最后对所有基模型预测的结果进行综合产生最终的预测结果。

(3) Stacking:首先训练多个不同的模型,然后在以之前训练的各个模型的输出为输入训练一个模型,以得到一个最终的输出。将训练好的所有基模型对训练集进行预测,然后第 i 个基模型对第 j 个训练样本的预测值将作为新的训练集中第 j 个样本的第 i 个输入,然后基于新的训练集进行训练得到新模型。

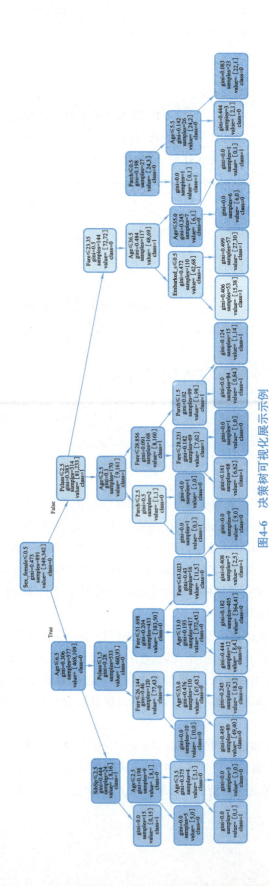

图4-6 决策树可视化展示示例

随机森林(Random Forest)就是通过集成学习的思想将多棵树集成的一种算法,它的基本单元是决策树,而它的本质属于集成学习(Ensemble Learning)方法。

从直观角度来解释,假设现在处理的是分类问题,每个分类器是一颗决策树,那么对于一个待预测样本,N 棵树会有 N 个分类结果。而随机森林集成了所有分类投票结果,将投票次数最多的类别指定为最终的输出。

随机森林的工作原理如下:

(1)假设训练集中样本个数为 N,然后通过有放回地重复多次抽样来获得这 N 个样本,抽样结果分别作为生成决策树的训练集。

(2)每个样本包含 m 个特征,每次随机选择 k 个特征(其中 k 小于或等于 m),然后根据这 k 个特征逐个确定最佳分裂点,建立决策树。

(3)重复 n 次,得到 n 棵决策树。

(4)输入待预测样本,从 n 棵决策树中得到 n 种预测结果。

(5)计算每个预测目标的得票数,将得到高票数的预测目标作为随机森林算法的最终预测。

针对回归问题,通过随机森林中所有决策树预测值的平均值计算得出最终预测值。而针对分类问题,随机森林中的所有决策树投票最多的是哪个类,该样本就属于哪一类。

下面使用任务 4-4 中的泰坦尼克数据集,验证随机森林对决策树模型是否具有效果改进。

步骤1 导入包

导入该项目需要的 Python 包。

```python
import pandas as pd
from sklearn.feature_extraction import DictVectorizer
from sklearn.model_selection import train_test_split
#划分数据集
from sklearn.tree import DecisionTreeClassifier
#决策树分类模型
from sklearn.ensemble import RandomForestClassifier
#随机森林模型
from sklearn.metrics import accuracy_score
from sklearn.model_selection import GridSearchCV
import seaborn as sns
import warnings
warnings.filterwarnings('ignore')
#忽略代码运行中出现的警告
```

步骤2 读取数据

(1)读取训练数据,同时绘制图形,简单分析不同特征对生存情况的影响。

```python
#训练数据集,测试数据集
train = pd.read_csv('./data-sets/train.csv')
```

训练集中样本特征对应的含义如下：

特征	PassengerID	Survived	Pclass	Name	Sex	Age
含义	乘客编号	生存情况	客舱等级	姓名	性别	年龄
特征	SibSp	Parch	Ticket	Fare	Cabin	Embarked
含义	船上同代直系亲属数	船上不同代直系亲属数	船票编号	船票价格	客舱号	登船港口

（2）绘制图形显示不同等级客舱的生存情况。

```
#绘制图形显示不同等级客舱的生存情况
sns.barplot(x="Pclass",y="Survived",data=train,palette='Set3')
```

运行结果如下所示。

```
<AxesSubplot:xlabel='Pclass', ylabel='Survived'>
```

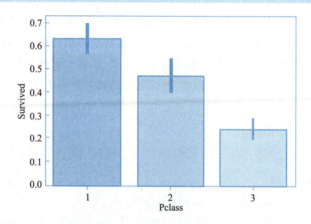

（3）绘制图形显示不同性别乘客的生存情况。

```
#绘制图形显示不同性别乘客的生存情况
sns.barplot(x="Sex", y="Survived", data=train, palette='Set3')
```

运行结果如下所示。

```
<AxesSubplot:xlabel='Sex', ylabel='Survived'>
```

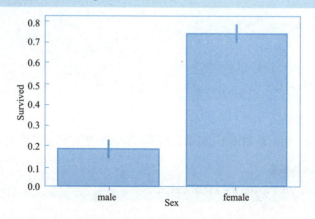

步骤3 数据预处理

(1) 选择指定特征作为输入,同时提取出输出标签。

```
#选择特征
X = train[["Pclass","Age","Sex"]]
y = train["Survived"]print(X)
```

运行结果如下所示。

```
      Pclass    Age       Sex
0     3         22.0      male
1     1         38.0      female
2     3         26.0      female
3     1         35.0      female
4     3         35.0      male
...   ...       ...       ...
886   2         27.0      male
887   1         19.0      female
888   3         NaN       female
889   1         26.0      male
890   3         32.0      male
[891 rows x 3 columns]
```

(2) 对输入中存在的缺失值进行处理、将数据集划分成训练集和测试集;对训练集和测试集的特征进行预处理。

```
#缺失值处理
X["Age"].fillna(X["Age"].mean(),inplace=True)
#划分训练集、测试集
X_train, X_test, y_train, y_test = train_test_split(X, y, train_size=0.75)
#编码
dict = DictVectorizer(sparse=False)
X_train = dict.fit_transform(X_train.to_dict(orient="records"))
X_test = dict.transform(X_test.to_dict(orient="records"))
print(dict.get_feature_names())
```

运行结果如下所示。

```
['Age', 'Pclass', 'Sex=female', 'Sex=male']
```

步骤4 构建决策树模型

(1) 绘制图形显示不同深度决策树对应的准确率。

```
import matplotlib.pyplot as plt
scores = []for i in range(10):
    clf = DecisionTreeClassifier(criterion="entropy",
                    max_depth=i+1, min_samples_split=3,
                    min_samples_leaf=1, random_state=10)
    clf.fit(X_train, y_train)
    score = clf.score(X_test, y_test)
    scores.append(score)
plt.plot(range(1,11), scores, color='b', label='max_depth')
plt.legend()
plt.show()
```

运行结果如下所示。

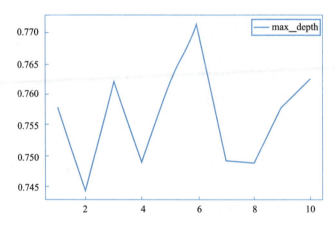

(2)重新设置决策树深度为6,并训练。

```
 dtf = DecisionTreeClassifier(criterion="entropy", max_depth=6, min_samples_split=3, min_samples_leaf=1)
  dtf.fit(X_train, y_train)
```

运行结果如下所示。

```
DecisionTreeClassifier(criterion='entropy', max_depth=6, min_samples_split=3)
```

(3)调用predict()函数模型在测试集上输出准确率。

```
y_pred1=dtf.predict(X_test)
print('模型在测试集的预测准确率:\n', accuracy_score(y_test, y_pred1))
```

运行结果如下所示。

模型在测试集的预测准确率：0.7713004484304933

步骤5　构建随机森林模型

sklearn 中的随机森林模型即 RandomForestClassifier 类的原型如下：

```
class sklearn.ensemble.RandomForestClassifier(n_estimators=10,
    criterion='gini',max_depth=None,min_samples_split=2,min_samples_leaf=1,min_
weight_fraction_leaf=0.0,max_features='auto',max_leaf_nodes=None,min_impurity_
decrease=0.0,min_impurity_split=None,bootstrap=True,
    oob_score=False,n_jobs=1,random_state=None,verbose=0,
    warm_start=False,class_weight=None)
```

参数说明如下：

n_estimators：整数,可选参数(默认值为 10),表示森林中决策树的个数。

criterion：字符串,可选参数(默认值为 gini),表示树分裂时用于特征选择的标准。

max_depth：整数或者无值,可选参数(默认值为 None),表示树的最大深度。

min_samples_split：最小样本划分的数目,当样本的数目少于或等于该值,就不能继续划分当前节点了。

min_samples_leaf：叶子节点最少样本数,如果某叶子节点数目小于该值,就会和兄弟节点一起被剪枝。

min_weight_fraction_leaf：叶子节点最小的样本权重和。

max_features='auto'：划分叶子节点时,选择最大的特征数目。

max_leaf_nodes：最大的叶子节点数,默认值为 None,即不限制最大的叶子节点数。

min_impurity_decrease：最小不纯度减少的阈值,如果对该节点进行划分,使得不纯度的减少大于或等于该值,那么该节点就会划分,否则,不划分。

min_impurity_split：节点划分的最小不纯度,是结束树增长的一个阈值,如果不纯度超过该阈值,那么该节点就会继续划分,否则不划分,成为一个叶子节点。

Bootstrap：自助采样,有放回的采样,大量采样的结果是初始样本的 63.2% 作为训练集。默认选择自助采样法。

n_jobs：并行使用的进程数,默认值为 1 个,如果设置为 -1,该值为总的核数。

属性如下：

classes_：表示类别标签。

n_classes_：表示类别数量。

feature_importances_：表示特征重要性。

n_features_：数据拟合时的特征数量。

参数的默认值控制决策树的大小(如 max_depth、min_samples_leaf 等),导致完全的生长和在某些数据集上可能非常大的未修剪的树。为了降低内容消耗,决策树的复杂度和大小应该通过设置这些参数值来控制。

(1)选择合适的树深度,并绘制图形显示不同深度决策树对应的准确率。

```
scores = []
for i in range(10):
    rr = RandomForestClassifier(n_estimators=200,
                criterion="entropy", max_depth=i+1,
                min_samples_split=3, min_samples_leaf=1,
                random_state=10)
    rr.fit(X_train, y_train)
    score = rr.score(X_test, y_test)
    scores.append(score)
plt.plot(range(1,11), scores, color='b', label='max_depth')
plt.legend()
plt.show()
```

运行结果如下所示。

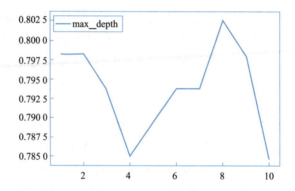

(2)选择合适的决策树数量,并绘制图形显示不同数量的决策树对应的准确率。

```
scores = []
for i in range(10,300,20):
    rr = RandomForestClassifier(n_estimators=i,
                criterion="entropy", max_depth=8,
                min_samples_split=3, min_samples_leaf=1,
                random_state=10)
    rr.fit(X_train, y_train)
    score = rr.score(X_test, y_test)
    scores.append(score)
plt.plot(range(10,300,20), scores, color='b', label='max_depth')
plt.legend()
plt.show()
```

运行结果如下所示。

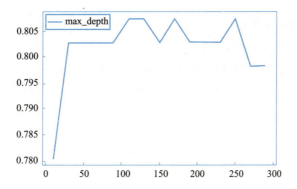

（3）重新设置决策树个数为250，决策树深度为8，并训练。

```
srfc = RandomForestClassifier(n_estimators=250,
            criterion="entropy",max_depth=8,min_samples_split=3,
            min_samples_leaf=1, random_state=10)
srfc.fit(X_train, y_train)
```

运行结果如下所示。

```
RandomForestClassifier(criterion='entropy', max_depth=8, min_samples_split=3, n_estimators=250, random_state=10)
```

（4）调用 predict( ) 函数输出模型在测试集上的准确率。

```
y_pred2 = srfc.predict(X_test)
print('模型在测试集的预测准确率:\n', accuracy_score(y_test, y_pred2))
```

运行结果如下所示。

模型在测试集的预测准确率：0.8071748878923767

从结果可见，随机森林确实提高了测试数据集上的预测准确率。

1. 以下关于决策树的说法错误的是（　　）。
   A. 寻找最佳决策树是 NP 完全问题
   B. 冗余属性不会对决策树的准确率造成不利的影响
   C. 子树可能在决策树重复多次
   D. 决策树算法对于噪声的干扰非常敏感

2. 使用以下给定数据，尝试构建决策树回归模型 DecisionTreeRegressor 和 AdaBoost 回归模型 AdaBoostRegressor，分别绘制图形显示两个模型对数据集的拟合效果。

```python
#创造数据集,X 为输入,y 为输出
rng = np.random.RandomState(1)
X = np.linspace(0, 6, 100).reshape(-1,1)
y = np.sin(X).ravel() + np.sin(6 * X).ravel() + rng.normal(0, 0.1, X.shape[0])
```

项目 5 运用聚类算法进行聚类分析

5.1 项目导入

小艾最近在研究电子商务的推荐算法。所谓物以类聚,人以群分。为了更好地了解客户,小艾希望可以通过聚类的方式将具有相似购买或者浏览行为的客户进行分组,从而分析它们的共同特征,更好地为用户推荐商品。该项目将以两种聚类算法的学习和应用为核心展开,跟着小艾一起解决电子商务的商品推荐问题吧。

5.2 项目目标

(1)了解聚类、簇等概念。
(2)熟悉 k-means、DBSCAN 算法的工作原理。
(3)能够使用 k-means 解决实际问题。
(4)对 k-means 算法进行升级,掌握算法优化方法。
(5)掌握无目标样本分类模型的建立与运用。

5.3 知识导入

5.3.1 聚类概念

聚类算法是无监督学习,只需要数据,而不需要标记结果,通过学习训练,用于发现共同的群体。

聚类算法试图将数据集中的样本划分为若干个通常是不相交的子集,每个子集称为一个"簇"(cluster),通过这样的划分,每个簇可能对应于一些潜在的概念或类别,而这些概念对于聚类算法而言是事先未知的。

视频

知识导入

5.3.2 聚类相关应用

1. 群体分类

一般消费场景中,通过将客户的消费行为数据转换成 RFM 特征数据,通过聚类分析对目标客户进行群体分类,找出有价值的特定群体。

注意:RFM 是一种经典的用户分类、价值分析模型。R(Recency),每个客户有多少天没回购了,可以理解为最近一次购买到现在隔了多少天;F(Frequency),每个客户购买了多少次;M(Monetary),每个客户平均购买金额,也可以是累计购买金额。

2. 离群点探测

离群点是指相对于整体数据对象而言的少数数据对象,这些对象的行为特征与整体的数据行为特征很不一致。如某电商平台上,比较昂贵且频繁的交易,就有可能隐含欺诈的风险,需要风控部门进行一定的关注。

5.3.3 k-means 聚类

k-means 算法的思想很简单,通俗地说,对于给定的样本集,按照样本之间的距离大小,将样本集划分为 k 个簇。让簇内的点尽量紧密地连在一起,而让簇间的距离尽量得大。

1. k-means 算法四步骤

(1) 初始化聚类中心,如图 5-1 所示。

图 5-1 初始化聚类中心

(2) 循环所有样本,判断每个样本的簇分配,如图 5-2 所示。

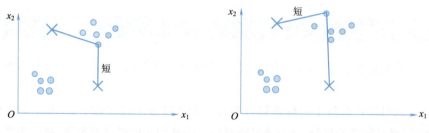

图 5-2 判断样本回溯

(3)更新聚类中心,如图 5-3 所示。

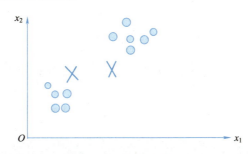

图 5-3　更新聚类中心

(4)重复步骤 2 和步骤 3,直到所有簇中心不再发生变化。具体的算法流程如图 5-4 所示。

```
输入:训练数据集 D = x^(1),x^(2),…,x^(m),聚类簇数 k;
过程:函数 kMeans(D,k,maxIter).
1: 从 D 中随机选择 k 个样本作为初始"簇中心"向量: μ^(1),μ^(2),…,μ^(k):
2: repeat
3:     令 C_i = ∅ (1≤ i≤ k)
4:     for j=1,2,…,m do
5:         计算样本 x^(j) 与各"簇中心"向量 μ^(i) (1≤ i≤ k) 的欧式距离
6:         根据距离最近的"簇中心"向量确定 x^(j) 的簇标记: λ_j = argmin_{i∈1,2,…,k} d_{ji}
7:         将样本 x^(j) 划入相应的簇: C_{λ_j} = C_{λ_j} ⋃ x^(j);
8:     end for
9:     for i=1,2,…,k do
10:        计算新"簇中心"向量: (μ^(i))' = (1/|C_i|) ∑_{x∈C_i} x;
11:        if (μ^(i))' != μ^(i) then
12:            将当前"簇中心"向量 μ^(i) 更新为 (μ^(i))'
13:        else
14:            保持当前均值向量不变
15:        end if
16:    end for
17:    else
18: until 当前"簇中心"向量均未更新
输出:簇划分 C = C_1,C_2,…,C_K
```

图 5-4　k-means 算法流程

2. 样本之间的距离度量

给定样本公式为

$$x^{(i)} = \{x_1^{(i)}, x_2^{(i)}, x_3^{(i)}, \cdots, x_n^{(i)}\}, x^{(j)} = \{x_1^{(j)}, x_2^{(j)}, x_3^{(j)}, \cdots, x_n^{(j)}\}$$

其中,$i,j = 1,2,3,\cdots,m$ 表示样本数;n 表示特征数。

常见的距离度量有 3 种。

(1)闵可夫斯基距离(曼哈顿距离)(Minkowski distance)。

$$\text{dist}_{mk}(x^{(i)}, x^{(j)}) = \left(\sum_{u=1}^{n} |x_u^{(i)} - x_u^{(j)}|^p \right)^{\frac{1}{p}}$$

(2)欧式距离(Euclidean distance),即当上式中 $p=2$ 时的闵可夫斯基距离。

$$\mathrm{dist}_{ed}(x^{(i)}, x^{(j)}) = \left(\sum_{u=1}^{n} |x_u^{(i)} - x_u^{(j)}|^2 \right)^{\frac{1}{2}}$$

(3)曼哈顿距离(Manhattan distance),即当上式中 $p=1$ 时的闵可夫斯基距离。

$$\mathrm{dist}_{man}(x^{(i)}, x^{(j)}) = \left(\sum_{u=1}^{n} |x_u^{(i)} - x_u^{(j)}| \right)$$

5.3.4 DBSCAN 算法

DBSCAN(Density-Based Spatial Clustering of Applications with Noise,具有噪声的基于密度的聚类方法)是一种很典型的密度聚类算法,和 k-means 相比,DBSCAN 既可以适用于凸样本集,也可以适用于非凸样本集。

DBSCAN 是一种基于密度的聚类算法,这类密度聚类算法一般假定类别可以通过样本分布的紧密程度决定。同一类别的样本,它们之间是紧密相连的,也就是说,在该类别任意样本周围不远处一定有同类别的样本存在。通过将紧密相连的样本划为一类,这样就得到了一个聚类类别。通过将所有各组紧密相连的样本划为各个不同的类别,就得到了最终的所有聚类类别结果。

DBSCAN 是如何描述密度聚类的?

DBSCAN 是基于一组邻域来描述样本集的紧密程度的,参数(ϵ,MinPts)用来描述邻域的样本分布紧密程度。其中,ϵ 描述了某一样本的邻域距离阈值,MinPts 描述了某一样本的距离为 ϵ 的邻域中样本个数的阈值。

假设样本集是 $D=(x_1, x_2, \cdots, x_m)$,则 DBSCAN 具有的密度描述定义如下:

(1)ϵ-邻域:对于 $x_j \in D$,其 ϵ-邻域包含样本集 D 中与 x_j 的距离不大于 ϵ 的子样本集,即 $N_\epsilon(x_j) = x_i \in D | \mathrm{distance}(x_i, x_j) \leq \epsilon$,这个子样本集的个数记为 $|N_\epsilon(x_j)|$。

(2)核心对象:对于任一样本 $x_j \in D$,如果其 ϵ-邻域对应的 $N_\epsilon(x_j)$ 至少包含 MinPts 个样本,即如果 $|N_\epsilon(x_j)| \geq \mathrm{MinPts}$,则 x_j 是核心对象。

(3)密度直达:如果 x_i 位于 x_j 的 ϵ-邻域中,且 x_j 是核心对象,则称 x_i 由 x_j 密度直达。反之,不一定成立。

(4)密度可达:对于 x_i 和 x_j,如果存在样本序列 $p_1, p_2, \cdots, p_T$,满足 $p_1 = x_i$,$p_T = x_j$,且 p_{t+1} 由 p_t 密度直达,则称 x_j 由 x_i 密度可达。也就是说,密度可达满足传递性。

(5)密度相连:对于 x_i 和 x_j,如果存在核心对象样本 x_k,使 x_i 和 x_j 均由 x_k 密度可达,则称 x_i 和 x_j 密度相连。可见,密度相连满足对称性。

从图 5-5 中可以容易理解上述定义,图中 MinPts=5,箭头连接的点都是核心对象,因为其 ϵ-邻域至少有 5 个样本。没有被箭头连接的样本是非核心对象。

所有核心对象密度直达的样本在以核心对象为中心的超球体内,如果不在超球体内,则不能密度直达。图中用箭头连起来的核心对象组成了密度可达的样本序列。在这些密度可达的样本序列的ϵ-邻域内所有样本相互都是密度相连的。

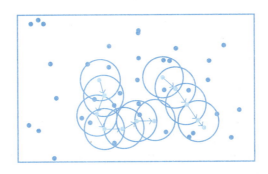

图 5-5　DBSCAN

由密度可达关系导出的最大密度相连的样本集合,即为最终聚类的一个类别或者一个簇。

DBSCAN 的簇中可以有一个或者多个核心对象。如果只有一个核心对象,则簇中其他非核心对象样本都在该核心对象的ϵ-邻域中;如果有多个核心对象,则簇中的任意一个核心对象的ϵ-邻域中一定有一个其他核心对象,否则这两个核心对象无法密度可达。这些核心对象的ϵ-邻域中所有样本的集合组成一个 DBSCAN 聚类簇。

那么怎样才能找到这样的簇样本集合呢?

首先任意选择一个没有类别的核心对象作为种子,然后找到所有这个核心对象能够密度可达的样本集合,即为一个聚类簇。接着继续选择另一个没有类别的核心对象去寻找密度可达的样本集合,这样就得到另一个聚类簇。一直运行到所有核心对象都有类别为止。

也可以换一种理解,具体如下:

(1)计算出所有核心样本。

(2)在核心样本集合中随机选择一个核心样本,查找它所有的ϵ-邻域内的核心样本,然后查找这些新获取的核心样本的ϵ-邻域内的核心样本,递归该过程。

(3)经过步骤 2,就得到了一个聚类,这个聚类包含一组核心样本和一组接近核心样本的非核心样本(核心样本ϵ-邻域内的所有样本);重复步骤 2、3,直至所有核心样本都属于某个类簇。

注意:任何核心样本都是聚类的一部分,任何不是核心样本并且和任意一个核心样本距离都大于ϵ的样本被视为异常值。

在了解了 k-means 与 DBSCAN 算法之后,可以对二者进行如下对比和总结:

聚类过程就是将一堆事先没有任何标签或类别信息的数据通过算法分析其潜在规律并将其划分成多个簇,每个簇中的数据很相似但簇之间很不相似。

k-means 算法原理比较简单,收敛速度快,但是对 k 值的选取不好把握。同时,一般只适用于凸数据集,对非凸数据很难收敛。

DBSCAN 算法采用密度聚类的方式,可以对任意形状的稠密数据集进行聚类。如果样本集较大时,聚类收敛时间较长。需要对距离阈值ϵ,邻域样本数阈值 MinPts 联合调参,不同的参数组合对聚类效果有较大影响。

5.4 项目实施

任务 5-1 小样本实现 k-means 聚类

视频
小样本实现
k-means聚类

1. 测一测

① k-means 是一种_____算法。
② k-means 属于监督学习还是无监督学习？_____。
③ k-means 算法中的 k 代表_____。
④ k-means 算法中计算样本之间的距离时一般采用的距离计算方式是_____。
⑤ k-means 聚类过程中，k 个聚类中心是不变的还是会变的？_____。

2. 实训步骤

现有一个小样本数据集，实现 k-means 对小样本集进行聚类。

按下面的步骤熟悉模型的构建过程，阅读示例代码的同时在右上角带问号灯的代码区域填写你对对应代码段的理解，即做出代码注释。

步骤 1 解压数据集

对于本任务需要用到的资源进行解压。

```
!unzip -odata-sets/kmeans.zip -d./
Archive:data-sets/kmeans.zip
   creating:./kmeans/
  inflating:./kmeans/fruit.png
  inflating:./kmeans/fruitKmeans.py
  inflating:./kmeans/testSet.txt
```

步骤 2 导入必要的包

导入数据处理库 NumPy 与绘图库 Matplotlib。

```
from numpy import *
import numpy as np
import matplotlib.pyplot as plt
```

步骤 3 读取数据

逐行读取 txt 文件中的每一行，根据空格分隔放入数组中。

```
#使用 def 关键字进行函数的声明，封装 loadDataSet()方法，以读取前面解压的文件
def loadDateSet(fileName):
```

```
dataMat = []
fr = open(fileName)
#打开文件
for line in fr.readlines():
    #遍历文件的每一行(每行表示一个数据)
    curLine = line.strip().split('\t')
    #处理每行数据,返回字符串 list
    fltLine = list(map(float, curLine))
    #使用 float()函数处理 list 中的字符串,使其为 float 类型
    dataMat.append(fltLine)
#将该数据加入到数组中
return dataMat
```

步骤4 向量距离计算

定义不同的向量距离计算方法:欧几里得与曼哈顿。

```
#____
def distEclud(vecA, vecB):
#____
    return sqrt(sum(power(vecA - vecB, 2)))
#____
def distmanhd(vecA, vecB):
#____
    return sum(abs(vecA - vecB))
```

步骤5 构建一个包含 k 个随机质心的集合

通过 Random 包的性质,随机初始化聚类中心。

```
def randCent(dataSet, k):
    #数据特征个数(即数据维度)
    n = shape(dataSet)[1]
    #创建一个 0 矩阵,其中 zeros 为创建 0 填充的数组,mat 是转换为矩阵,用于存放 k 个质心
    centroids = mat(zeros((k, n)))
    #遍历每个特征
    for i in range(n):
        #获取最小值
        minI = min(dataSet[:,i])
```

```python
        #范围
        rangeI = float(max(dataSet[:, i]) - minI)
        #最小值+范围*随机数
        centroids[:, i] = minI + rangeI * random.rand(k, 1)
    return centroids
```

步骤6 实现 k-means 聚类算法

dataSet：数据集；k：簇的个数；distMeas：距离计算；createCent：创建 k 个随机质心。

```python
def kMeans(dataSet, k, distMeas=distEclud, createCent=randCent):
    m = shape(dataSet)[0]                    #数据数目
    clusterAssment = mat(zeros((m, 2)))
    #存储每个点的簇分配结果，第一列记录簇索引，第二列记录误差
    #误差指当前点到簇质心的距离，可用于评估聚类的效果
    centroids = createCent(dataSet, k)       #质心生成
    clusterChanged = True                    #标记变量，为True则继续迭代
    while clusterChanged:
        clusterChanged = False
        #1. 寻找最近的质心
        for i in range(m):                   #遍历每个数据
            minDist = inf                    #最小距离
            minIndex = -1                    #最小距离的索引
            for j in range(k):               #遍历每个质心
                distJI = distMeas(centroids[j, :], dataSet[i, :])
                #计算该点到每个质心的距离
                if distJI < minDist:         #与之前的最小距离比较
                    minDist = distJI         #更新最小距离
                    minIndex = j             #更新最小距离的索引
            #到此，便得到了该点到哪个质心距离最近
            if clusterAssment[i, 0] != minIndex:
                #如果之前记录的簇索引不等于目前最小距离的簇索引
                clusterChanged = True
                #设置为True，继续遍历，直到簇分配结果不再改变为止
            clusterAssment[i, :] = minIndex, minDist**2
            #记录新的簇索引和误差
        #2. 更新质心的位置
        for cent in range(k):
```

项目5 运用聚类算法进行聚类分析

```
            ptsInclust = dataSet[nonzero(clusterAssment[:,0].A == cent)[0]]
                        #获取给定簇的所有点
            centroids[cent, :] = mean(ptsInclust, axis=0)
            #计算均值,axis=0沿着列方向
    return centroids, clusterAssment
    #返回质心与点分配结果
```

步骤7　传入数据进行聚类

读取数据,调用 kMeans()函数对数据集进行训练,得到聚类中心与每个样本归属于哪个簇。

```
datMat = mat(loadDateSet('./kmeans/testSet.txt'))
myCentroids, clusterAssing = kMeans(datMat, 4)
```

步骤8　绘制聚类结果图

根据聚类中心与样本归属,可视化所有样本点以及其归属。

```
marker = ['s', 'o', '^', '<']
#散点图点的形状
color = ['b','m','c','g']
#颜色
X = np.array(datMat)
#数据点
CentX = np.array(myCentroids)
#质心点4个
Cents = np.array(clusterAssing[:,0])
#每个数据点对应的簇
for i,Centroid in enumerate(Cents):
#遍历每个数据对应的簇,返回数据的索引,即其对应的簇
    plt.scatter(X[i][0], X[i][1], marker =
marker[int(Centroid[0])],c=color[int(Centroid[0])])
#按簇画数据点
plt.scatter(CentX[:,0],CentX[:,1],marker='*',c='r')
#画4个质心
plt.show()
```

运行结果如下所示。

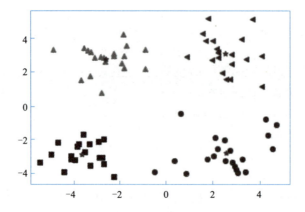

需要注意的是,绘制散点图时可以设置的常见颜色有:

'b'   蓝色
'g'   绿色
'r'   红色
'c'   青色
'm'   品红
'y'   黄色
'k'   黑色
'w'   白色

常见形状如下:

'.':点(point marker)

',':像素点(pixel marker)

'o':圆形(circle marker)

'v':朝下三角形(triangle_down marker)

'^':朝上三角形(triangle_up marker)

'<':朝左三角形(triangle_left marker)

'>':朝右三角形(triangle_right marker)

'1':(tri_down marker)

'2':(tri_up marker)

'3':(tri_left marker)

'4':(tri_right marker)

's':正方形(square marker)

'p':五边星(pentagon marker)

'*':星形(star marker)

'h':1号六角形(hexagon1 marker)

'H':2号六角形(hexagon2 marker)

'+': +号标记(plus marker)
'x': x号标记(x marker)
'D': 菱形(diamond marker)
'd': 小型菱形(thin_diamond marker)
'|': 垂直线形(vline marker)
'_': 水平线形(hline marker)

步骤9 不同 k 值下的聚类效果示意

以下代码用于 ipynb 上的界面交互，可以选择不同的分类数量，查看样本归属。

```python
from ipywidgets import interactive
def kmeans_k(kcenter):
    myCentroids, clusterAssing = kMeans(datMat, kcenter)
    marker = ['s','o','^',',','+','.']
    #散点图点的形状
    color = ['b','m','c','g','y','pink']
    #颜色
    X = np.array(datMat)
    #数据点
    CentX = np.array(myCentroids)
    #质心点4个
    Cents = np.array(clusterAssing[:,0])
    #每个数据点对应的簇
    for i,Centroid in enumerate(Cents):
    #遍历每个数据对应的簇，返回数据的索引即其对应的簇
        plt.scatter(X[i][0], X[i][1], marker = marker[int(Centroid[0])],c = color[int(Centroid[0])])
    #按簇画数据点
    plt.scatter(CentX[:,0],CentX[:,1],marker = '*',c = 'r')
    #画 k 个质心
    plt.show()
interactive(kmeans_k,kcenter = (1,6))
```

运行结果如下所示。

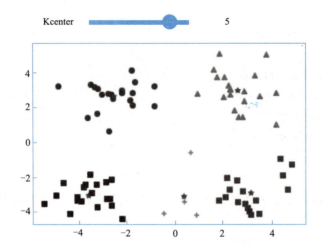

习　题

1. k-means 算法是一种常见的(　　)。

   A. 关联规则发现算法　　　　　　B. 聚类分析算法

   C. 分类算法　　　　　　　　　　D. 序列模式发现算法

2. 针对"任务 5-1　小样本实现 k-means 聚类",使用 sklearn 中的 k-means 实现样本聚类。参考步骤如下:

   步骤 1　解压数据集;

   步骤 2　导入项目所需要的 Python 包;

   步骤 3　读取数据;

   步骤 4　调用 sklearn 中 k-means 方法把上面数据聚类成 4 类,并绘制图形显示。

任务 5-2　通过 k-means 聚类实现分类

视　频

通过K-means聚类实现分类

1. 测一测

①k-means 是一种＿＿＿＿＿＿算法。

②kNN 是一种＿＿＿＿＿＿算法。

③k-means 中的 k 代表＿＿＿＿＿＿。

④kNN 中的 k 代表＿＿＿＿＿＿。

⑤k-means 的数据集是无标签数据,而 kNN 的数据集是＿＿＿＿＿＿＿＿＿＿＿＿。

2. 实训步骤

假设有一些数据:小明、张三、熊猫、萨摩耶等的身高体重数据。现在需要基于身高和体重对这些样本进行聚类。

按下面的步骤熟悉模型的构建过程,阅读示例代码的同时在右上角带问号灯的代码区填写你对对应代码段的理解,即做出代码注释。

步骤1 导入 NumPy 和 Random 包

导入数据处理包与随机包。

```python
import numpy as np
import random
```

步骤2 制造小批量训练数据

从字符串中读取数据,并转化为 NumPy 数组的形式。

```python
#制造训练数据
def generate_training_data():
    data_str = """id           height         weight
                小明           170            70
                珊珊           168            55
                张三           170            65
                小李           160            45
                大熊猫盼盼      60             100
                老鼠舒克        10             0.1
                萨摩耶球球      50             40
                蓝猫大锤        30             10"""
    print('样本数据如下:\n' + data_str)
    #依据空格区分数据
    data_list = data_str.split('\n')
    data_map = {}
    #遍历数据列,遍历所有数值型数据
    for line in data_list[1:]:
        data = line.split("    ")
        data_map[data[0]] = np.array(list(map(lambda x: float(x), data[1:])))
    return data_map
```

步骤3 生成初始聚类中心

通过将样本进行乱序处理,提取前 k 个数据作为初始中心点。

```python
#分别传入聚类数据 data_map 和聚类中心数 k
def generate_init_cluster_centers(data_map, k):
    #初始化聚类中心
    init_cluster_centers = list(data_map.keys())
```

```
#调用 shuffle()函数打乱聚类中心,做随机初始化
random.shuffle(init_cluster_centers)
#数据字典存储初始化的 k 簇质心数据
cluster_centers = [data_map[id] for id in init_cluster_centers[:k]]
return cluster_centers
```

步骤4 计算两个样本之间的距离

定义欧式距离函数。

```
#欧氏距离
def distance(x1, x2, type = "eu"):
    d = None
    #计算欧式距离
    if type = = "eu": d = np.sum((x1 - x2) * * 2)
    return d
```

步骤5 遍历样本找距离最近的聚类中心

遍历所有样本,计算其与聚类中心的距离,并找到离该样本最近的聚类中心。

```
def find_nearest_cluster_center(x, center_feature_list):
    #
    label = None
    #
    min_d = None
    #
    for class_label in range(len(center_feature_list)):
    #
        dist = distance(x, center_feature_list[class_label])
    #
        if min_d = =None or dist < =min_d:
    #
            label = class_label
    #
            min_d = dist
    #
    return label
```

步骤6 模型训练

根据 k-means 步骤,定义拟合函数:

（1）初始化聚类中心。
（2）为每个样本根据离聚类中心的距离分配类别。
（3）根据一个类别中的样本，更新聚类中心。

```python
def fit(data_map, k, max_epoch = 20):
    #调用函数初始化聚类中心
    init_cluster_centers = generate_init_cluster_centers(data_map, k)
    #定义分类字典，储存样本点与最近聚类中心
    cluster_info = {}
    for id in data_map:
        cluster_info[id] = {"feature": data_map[id], "cluster_label":
        find_nearest_cluster_center(data_map[id], init_cluster_centers)}
    #将初始聚类中赋值给聚类中心
    cluster_centers = init_cluster_centers
    #训练 max_epoch 个批次
    for epoch in range(max_epoch):
        cluster_list = [[] for _ in cluster_centers]
        #从字典中提取样本与类别
        for id in cluster_info:
            cluster_list[cluster_info[id]['cluster_label']].
            append(cluster_info[id]['feature'])
        #初始化新聚类中心列表
        new_cluster_centers = []
        #重新计算聚类中心
        for cluster in cluster_list:
            #求这个簇中所有样本的质心，也可以理解为"中心位置"
            new_center = np.mean(np.array(cluster), axis = 0)
            #将新中心添加到新聚类中心列表
            new_cluster_centers.append(new_center)
        #寻找每个样本对于新中心的归属
        for id in data_map:
            cluster_info[id] = {"feature": data_map[id], "cluster_label": find_nearest_cluster_center(data_map[id], new_cluster_centers)}
        #将新聚类中心列表赋值给 model
        model = new_cluster_centers
        #打印结果
        c = []
```

```python
    for i in range(0,k):
        c.append([])
    for ss in list(map(lambda x: [x[0], x[1]['cluster_label']], cluster_info.items())):
        c[int(ss[1])].append(ss[0])
    for i in range(0,k):
        print("\n属于第" + str(i) +'类的有:' + str(c[i]))
    return model
```

步骤7 对新样本进行类别划分

模型完成训练以后,通过模型可以对单个样本进行类别划分。

```python
#分类阶段,对单个样本分类
def predict(x,model):
    label = None
    #类别标签
    min_d = None
    #目前为止,待分类样本与各类代表性样本的最小平均距离
    for class_label in range(len(model)):
        #遍历每个类别的代表性样本
        dist = distance(x, model[class_label])
        if min_d == None or dist <= min_d:
            #如果遍历到第一个类别,或者待分类样本与当前类别的平均距离比之前的更低,更新类标签与最小距离
            label = class_label
            min_d = dist
    return label
```

步骤8 设置 k 值,进行训练和预测

从数据中可以观察到,这组数据应该被分为两类:人类与动物。所以此处设置 $k=2$,然后进行 k-means 的模型训练与预测。

```python
k = 2
data_map = generate_training_data()
model = fit(data_map,k)
res = predict(np.array([166, 45]),model)
print('\n新样本属于第:' + str(res) +'类')
```

运行结果如下所示。

项目 5　运用聚类算法进行聚类分析

```
样本数据如下：
id              height            weight
小明             170               70
珊珊             168               55
张三             170               65
小李             160               45
大熊猫盼盼        60                100
老鼠舒克          10                0.1
萨摩耶球球         50                40
蓝猫大锤          30                10
属于第 0 类的有：['小明', '珊珊', '张三', '小李']
属于第 1 类的有：['大熊猫盼盼', '老鼠舒克', '萨摩耶球球', '蓝猫大锤']
新样本属于第：0 类
```

从聚类结果来看，可以发现一组是人类；一组是动物，说明这个划分具有实际意义。

从该案例可以发现，前面学习的回归、分类问题都是具有明确指向性的，都预先知道要进行的任务具体是什么。通过聚类的学习发现，聚类算法是通过分类簇产生结果后依赖人为解释的一种算法。

习题

1. 以下距离公式不能用于 k-means 聚类的是（　　）。
   A. 闵可夫斯基距离　　　　　B. 欧氏距离
   C. 曼哈顿距离　　　　　　　D. 汉明距离

2. 针对"任务 5-2 通过 k-means 聚类实现分类"，对计算两个样本之间的距离部分代码进行修改。参考步骤如下：
   步骤 1　在同一个函数中定义其他两个常用的距离度量；
   步骤 2　比较并分析不同距离度量的分类结果。

任务 5-3　二分 k-means 应用

1. 测一测

① 二分 k-means 的 k 值为 2，这种说法正确吗？_____。
② 二分 k-means 需要进行_____个 for 循环。
③ 传统 k-means 不适合在_____的数据集上使用。
④ 请写出二分 k-means 的优点：_____。
⑤ 二分 k-means 是否能预测连续变量？_____。

视频●

二分 k-means 与一般 k-means 的对比

2. 实训步骤

在正式实训之前,先来总结一下 k-means 的缺点,然后了解一种改进版的 k-means,即二分 k-means。

1) 传统 k-means 的缺陷

(1) k 值必须给定。进行 k-means 算法时,必须指定聚类数量。但是有时并不知道应该聚成多少个类,而是希望算法可以给出一个合理的聚类数量,往往一开始 k 值很难预先估计并给定。

(2) 随机的 k 个中心点影响结果。在 k-means 算法中,一开始的 k 个中心点是随机选定的,在后面的迭代中再进行重算,直到收敛。但是根据算法的步骤不难看出,这样一来最后所生成的结果往往很大程度上取决于开始 k 个中心点的位置。就意味着结果具备很大的随机性,每次计算结果都会因为初始随机选择的中心质点不一样而导致结果不一样。

(3) 计算性能。该算法需要不断地对对象进行分类调整,不断地计算调整后新的聚类中心点,因此当数据量非常大时,算法的时间开销非常大。

2) 二分 k-means

主要思想:首先将所有点作为一个簇,然后将该簇一分为二。之后选择能最大限度降低聚类代价函数(误差平方和)的簇划分为两个簇。以此进行下去,直到簇的数目等于用户给定的数目 k 为止。

隐含原则:因为聚类的误差平方和能够衡量聚类性能,该值越小表示数据点越接近于它们的质心,聚类效果就越好。所以需要对误差平方和最大的簇再次划分,因为误差平方和越大,表示该簇聚类效果越不好,越有可能是多个簇被当成了一个簇,所以首先需要对该簇进行划分。

```
伪代码(二分 k-means):
初始化簇表,使之包含由所有点组成的簇
repeat
        {对选定的簇进行多次二分试验}
        for i=1 to 试验次数 do
            使用基本 k-均值,二分选定的簇
        end for
        从二分试验中选择具有最小误差的两个簇
        将这两个簇添加到簇表中
until 簇表中包含 k 个簇
```

本次实训任务主要为了对比二分 k-means 和一般 k-means 有什么不同,使用一个简单数据集,包含 60 个数据点。

按下面的步骤熟悉模型的构建过程,阅读示例代码的同时在右上角带问号灯的代码区填写你对对应代码段的理解,即做出代码注释。

步骤1 解压数据集

在开始之前,先对本节任务所需要用到的资源进行解压。

项目 5　运用聚类算法进行聚类分析

```
!unzip -odata-sets/kmeans.zip -d./
#解压需要的数据
Archive:data-sets/kmeans.zip
    creating:./kmeans/
   inflating:./kmeans/fruit.png
   inflating:./kmeans/fruitKmeans.py
   inflating:./kmeans/testSet.txt
```

步骤 2　导入相关包

导入数据处理包 NumPy 与绘图库 Matplotlib。

```
import matplotlib.pyplot as plt
import numpy as np
```

步骤 3　加载数据集

从 txt 文件中逐行读取数据，每行数据通过空格进行分隔。将读取的数据保存到 numpy array 中方便后续处理。

```python
#将文本文档中的数据读入
def loadDataSet(fileName):
    dataMat = []
    fr = open(fileName)
    for line in fr.readlines():
        curLine = line.strip().split('\t')
        fltLine = list(map(float, curLine))
        dataMat.append(fltLine)
    return dataMat
```

步骤 4　计算欧氏距离

根据欧氏距离计算公式定义距离函数。

```python
#函数说明:数据向量计算欧式距离
def distEclud(vecA, vecB):
    return np.sqrt(np.sum(np.power(vecA - vecB, 2)))
```

步骤 5　随机初始化聚类中心

对于给定数据集 dataSet 与给定类别数量 k，随机初始化 k 个聚类中心。

```python
#
def randCent(dataSet, k):
```

155

```
#
n = np.shape(dataSet)[1]
#
centroids = np.mat(np.zeros((k, n)))
#
for j in range(n):
    #
    minJ = np.min(dataSet[:, j])
    maxJ = np.max(dataSet[:, j])
    #
    rangeJ = float(maxJ - minJ)
    #
    centroids[:, j] = minJ + rangeJ * np.random.rand(k, 1)
    #
return centroids
```

步骤6 k-means 实现

根据 k-means 步骤,定义 kMeans( )函数。

(1)初始化聚类中心。

(2)为每个样本根据离聚类中心的距离分配类别。

(3)根据一个类别中的样本,更新聚类中心。

```
def kMeans(dataSet, k, distMeas=distEclud, createCent=randCent):
    #获取数据集样本数
    m = np.shape(dataSet)[0]
    #初始化一个(m,2)全零矩阵
    clusterAssment = np.mat(np.zeros((m, 2)))
    #创建初始的k个质心向量
    centroids = createCent(dataSet, k)
    #聚类结果是否发生变化的布尔类型
    clusterChanged = True
    #只要聚类结果一直发生变化,就一直执行聚类算法,直至所有数据点聚类结果不发生变化
    while clusterChanged:
        #聚类结果变化,布尔类型置为False
        clusterChanged = False
        #遍历数据集每一个样本向量
        for i in range(m):
```

```python
            #初始化最小距离为正无穷,最小距离对应的索引为-1
            minDist = float('inf')
            minIndex = -1
            #循环 k 个类的质心
            for j in range(k):
                #计算数据点到质心的欧氏距离
                distJI = distMeas(centroids[j, :], dataSet[i, :])
                #如果距离小于当前最小距离
                if distJI < minDist:
                    #当前距离为最小距离,最小距离对应索引应为 j(第 j 个类)
                    minDist = distJI
                    minIndex = j
            #当前聚类结果中第 i 个样本的聚类结果发生变化
            #布尔值置为 True,继续聚类算法
            if clusterAssment[i, 0] != minIndex:
                clusterChanged = True
            #更新当前变化样本的聚类结果和平方误差
            clusterAssment[i, :] = minIndex, minDist**2
    #打印 k-means 聚类的质心
    # print(centroids)
    #遍历每一个质心
    for cent in range(k):
        #将数据集中所有属于当前质心类的样本通过条件过滤筛选出来
        ptsInClust = dataSet[np.nonzero(clusterAssment[:, 0].A == cent)[0]]
        #计算这些数据的均值(axis=0:求列均值),作为该类质心向量
        centroids[cent, :] = np.mean(ptsInClust, axis=0)
    #返回 k 个聚类,聚类结果及误差
    return centroids, clusterAssment
```

步骤7 二分 k-means

定义二分 k-means 算法,二分算法在 k-means 的基础上为每次分类保证损失最小。

```python
#函数说明:二分 k-means 聚类算法
def biKmeans(dataSet, k, distMeas=distEclud):
    #获取数据集的样本数
    m = np.shape(dataSet)[0]
    #初始化一个元素均值 0 的 (m, 2) 矩阵
```

```python
clusterAssment = np.mat(np.zeros((m, 2)))
#获取数据集每一列数据的均值,组成一个列表
centroid0 = np.mean(dataSet, axis=0).tolist()[0]
#当前聚类列表为将数据集聚为一类
centList = [centroid0]
#遍历每个数据集样本
for j in range(m):
    #计算当前聚为一类时各个数据点距离质心的平方距离
    clusterAssment[j, 1] = distMeas(np.mat(centroid0), dataSet[j, :])**2
#循环,直至二分 kmeans 值达到 k 类为止
while (len(centList) < k):
    #将当前最小平方误差置为正无穷
    lowerSSE = float('inf')
    #遍历当前每个聚类
    for i in range(len(centList)):
        #通过数组过滤筛选出属于第 i 类的数据集合
        ptsInCurrCluster = dataSet[np.nonzero(clusterAssment[:, 0].A == i)[0], :]
        #对该类利用二分 k-means 算法进行划分,返回划分后结果以及误差
        centroidMat, splitClustAss = kMeans(ptsInCurrCluster, 2, distMeas)
        #计算该类划分后两个类的误差平方和
        sseSplit = np.sum(splitClustAss[:, 1])
        #计算数据集中不属于该类数据的误差平方和
        sseNotSplit = np.sum(clusterAssment[np.nonzero(clusterAssment[:, 0].A != i)[0], 1])
        #打印这两项误差值
        print('sseSplit = %f, and notSplit = %f' % (sseSplit, sseNotSplit))
        #划分第 i 类后总误差小于当前最小总误差
        if (sseSplit + sseNotSplit) < lowerSSE:
            #第 i 类作为本次划分类
            bestCentToSplit = i
            #第 i 类划分后得到的两个质心向量
            bestNewCents = centroidMat
            #复制第 i 类中数据点的聚类结果即误差值
            bestClustAss = splitClustAss.copy()
            #将划分第 i 类后的总误差作为当前最小误差
            lowerSSE = sseSplit + sseNotSplit
    #当前类个数 +1,作为新的一个聚类
```

```
            bestClustAss[np.nonzero(bestClustAss[:,0].A == 1)[0],0] = len(centList)
            #将划分数据中类编号为0的数据点类编号仍置为被划分类编号,使类编号连续不出现空缺
            bestClustAss[np.nonzero(bestClustAss[:,0].A == 0)[0],0] = bestCentToSplit
            #打印本次执行2-means聚类算法的类
            print('the bestCentToSplit is %d' % bestCentToSplit)
            #打印被划分类的数据个数
            print('the len of bestClustAss is %d' % len(bestClustAss))
            #更新质心列表中变化后的质心向量
            centList[bestCentToSplit] = bestNewCents[0,:]
            #添加新类的质心向量
            centList.append(bestNewCents[1,:])
            #更新clusterAssment列表中参与2-means聚类数据点变化后的分类编号及数据该类的
误差平方
            clusterAssment[np.nonzero(clusterAssment[:,0].A == bestCentToSplit)[0],:] =
                        bestClustAss
    #返回聚类结果
    return centList, clusterAssment
```

步骤8 绘制数据集

定义函数根据类别绘制数据集与聚类中心。

```
#函数说明:绘制数据集
def plotDataSet(filename, k):
    #导入数据
    datMat = np.mat(loadDataSet(filename))
    #进行k-means算法
    centList, clusterAssment = biKmeans(datMat, k)
    #更新clusterAssment列表中的数据
    clusterAssment = clusterAssment.tolist()
    xcord = []
    ycord = []
    for i in range(0,k):
        xcord.append([])
        ycord.append([])
    datMat = datMat.tolist()
    #打印clusterAssment的所有数据
    m = len(clusterAssment)
```

```python
    for i in range(m):
        for ki in range(0,k):
            if int(clusterAssment[i][0]) == ki:
                xcord[ki] = datMat[i][0]
                ycord[ki] = datMat[i][1]
    fig = plt.figure()
    ax = fig.add_subplot(111)
    #绘制样本点
    marker = ['s','o','^',',','+','.']
    #散点图点的形状
    color = ['b','m','c','g','y','pink']
    #颜色
    for i in range(0,k):
        ax.scatter(xcord[i], ycord[i], s=20, c=color[i], marker=marker[i], alpha=.5)
    #绘制质心
    print(centList)
    for i in range(k):
        ax.scatter(centList[i][0][0], centList[i][0][1], s=100,c='k', marker='+', alpha=.5)
    plt.title('DataSet')
    plt.xlabel('X')
    plt.show()
```

步骤9 测试聚类效果

```python
def testclusters(k,func):
    #读取数据集
    datMat = np.mat(loadDataSet('kmeans/testSet.txt'))
    #训练 k-means 得到聚类中心与样本类别分配数组
    centList, myNewAssments = func(datMat, k)
    #将样本类别分配数组转换为 list 数据类型
    clusterAssment = myNewAssments.tolist()
    # 将样本根据不同类别进行提取
    #初始化空列表 xcord 与 ycord,其中包含 k 个空列表。k 个列表中,每个列表分别用于不同类别 x, y 坐标值的存放
    xcord = [[]]* k                    # x 坐标
    ycord = [[]]* k                    # y 坐标
    #将数据 datMat 转换为 list 数据类型
```

```python
        datMat = datMat.tolist()
        #获取样本数量
        m = len(clusterAssment)
        for i in range(0,m):
            for ki in range(0,k):
                if int(clusterAssment[i][0]) == ki:
                    xcord[ki].append(datMat[i][0])
                    ycord[ki].append(datMat[i][1])
        #图像初始化
        fig = plt.figure()
        #添加子图
        ax = fig.add_subplot(111)
        #绘制样本点
        marker = ['s','o','^',',','+','.']
        #散点图点的形状
        color = ['b','m','c','g','y','pink']
        #颜色
        for i in range(0,k):
            ax.scatter(xcord[i],ycord[i],s=20,c=color[i],marker=marker[i],
alpha=.5)
        #绘制质心
        for i in range(0,k):
            if func == biKmeans:
                ax.scatter(centList[i].tolist()[0][0],centList[i].tolist()[0][1],
                    s=100,c='k',marker='+',alpha=.5)
            else:
                ax.scatter(centList.tolist()[i][0],centList.tolist()[i][1],
                    s=100,c='red',marker='+',alpha=.5)
        plt.title('DataSet')
        plt.xlabel('X')
        plt.show()
#以下代码用于ipynb交互
import ipywidgets as wg
wg.interactive(testclusters,k=wg.IntSlider(min=2,max=5,description='簇个数'),
    func=wg.Dropdown(options={'一般 kmeans':kMeans,'二分 kmeans':biKmeans},description=
'方法'))
```

运行结果如下所示。

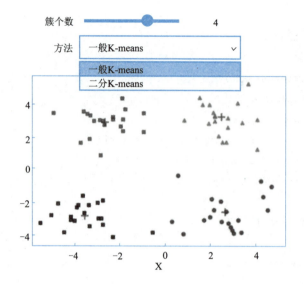

习 题

1. 函数格式为 kMeans(x, centers) 中的 centers 表示（ ）。
   A. 聚类中心　　　　　　　　　B. 聚类平方和
   C. 聚类数目　　　　　　　　　D. 聚类中位数
2. 针对"任务5-3 二分 k-means 应用"，对 k 的取值进行分析和讨论。参考步骤如下：
   步骤1　设置 $k=3,5,7,9,11,15$；
   步骤2　对不同的 k 值训练模型，保存模型分数；
   步骤3　可视化模型分数随 k 值而变化。

任务 5-4　对三星手机数据降维并聚类

对三星手机活动数据降维并聚类

1. 测一测

①k-means 是一种有监督还是无监督算法？_____。
②k-means 算法将数据集划分出的多个子集，称为_____。
③sklearn 工具包中实现的 k-means 方法是_____。
④sklearn 工具包中训练的 k-means 方法是_____。
⑤sklearn 工具包中预测的 k-means 方法是_____。

2. 实训步骤

随着智能手机的普及，人们的运动数据被不断记录，用于监测人们的生活习惯和健康状态。下面学习使用三星的 Human Activity Recognition 软件记录的活动数据集进行无监督运动状态分析。

步骤1 下载并解压数据集

假设不了解活动的类型,并尝试纯粹基于特征对样本进行聚类。然后,将确定身体活动类型的问题转化为分类问题。在开始之前,先对本任务所用到的资源进行解压。

```
#这些活动数据来自三星 Galaxy S3 手机的加速度计和陀螺仪,活动类型包括:走路、站立、躺下、坐着或爬楼梯
!wget -nc "https://labfile.oss.aliyuncs.com/courses/1283/samsung_HAR.zip"
!unzip -o -q "samsung_HAR.zip"
PATH_TO_SAMSUNG_DATA = "./samsung_HAR"
--2021-04-29 03:20:25--
https://labfile.oss.aliyuncs.com/courses/1283/samsung_HAR.zip
Resolving labfile.oss.aliyuncs.com (labfile.oss.aliyuncs.com)…47.110.177.159
Connecting tolabfile.oss.aliyuncs.com (labfile.oss.aliyuncs.com)|47.110.177.159|:443…connected.
HTTP request sent, awaiting response…200 OK
Length: 27939246 (27M) [application/zip]
Saving to: 'samsung_HAR.zip'
samsung_HAR.zip    100%[===================>]  26.64M  10.6MB/s  in 2.5s
2021-04-29 03:20:28 (10.6 MB/s) - 'samsung_HAR.zip' saved [27939246/27939246]
```

步骤2 导入包

导入本任务所需的包。

```
from sklearn.svm import LinearSVC                                    #决策边界绘制函数
from sklearn.preprocessing import StandardScaler                     #标准化处理函数
from sklearn.decomposition import PCA                                # PCA 降维函数
from sklearn.cluster import KMeans, AgglomerativeClustering, SpectralClustering
                                                                     #聚类
from sklearn import metrics                                          #训练度量
from matplotlib import pyplot as plt                                 #绘图库
import os                                                            #系统库
import numpy as np                                                   #数据处理库
import pandas as pd                                                  #数据分析库
import seaborn as sns                                                #绘图库
from tqdm import tqdm_notebook
#设置警告忽略
import warnings
```

```
warnings.filterwarnings('ignore')
#绘图相关设置
% matplotlib inline
plt.style.use(['seaborn-darkgrid'])
plt.rcParams['figure.figsize'] = (12, 9)
plt.rcParams['font.family'] = 'DejaVu Sans'
RANDOM_STATE = 17
```

步骤3 读取切分数据集

从4个txt文件中分别读取测试集与训练集、特征与目标数据。

```
#用loadtxt()方法读取训练集数据
X_train = np.loadtxt(os.path.join(PATH_TO_SAMSUNG_DATA, "samsung_train.txt"))
#读取标签数据
y_train = np.loadtxt(os.path.join(PATH_TO_SAMSUNG_DATA,
            "samsung_train_labels.txt")).astype(int)
#读取测试数据
X_test = np.loadtxt(os.path.join(PATH_TO_SAMSUNG_DATA,
            "samsung_test.txt"))
#读取测试标签
y_test = np.loadtxt(os.path.join(PATH_TO_SAMSUNG_DATA,
            "samsung_test_labels.txt")).astype(int)
#分别输出训练集、测试集的输入特征和输出样本量
X_train.shape, X_test.shape, y_train.shape, y_test.shape
```

运行结果如下所示。

```
((7352, 561), (2947, 561), (7352,), (2947,))
```

步骤4 合并训练和测试样本

(1) 合并训练集和测试集。

聚类问题中,不需要目标向量,可以合并训练和测试样本。

```
#按行堆叠数据
X = np.vstack([X_train, X_test])
#按列堆叠标签
y = np.hstack([y_train, y_test])
#查看数据数量和标签数量
X.shape, y.shape
```

运行结果如下所示。

```
((10299, 561), (10299,))
```

(2) 查看 y 中的类别。

类别数值分别表示的含义：1（walking）；2（walking upstairs）；3（walking downstairs）；4（sitting）；5（standing）；6（laying down）。

```
#去除数组中的重复数字,并进行排序之后输出
n_classes = np.unique(y).size
np.unique(y)
```

运行结果如下所示。

```
array([1, 2, 3, 4, 5, 6])
```

步骤5 数据标准化

使用 StandardScaler() 函数完成特征数据的规范化。

```
#进行归一化
scaler = StandardScaler()
#进行数值传递
X_scaled = scaler.fit_transform(X)
#打印形状
X_scaled.shape
```

运行结果如下所示。

```
(10299, 561)
```

步骤6 数据降维

使用主成分分析 PCA 降维来缩减特征的数量。

```
pca = PCA(n_components=0.9, random_state=RANDOM_STATE).fit(X_scaled)
X_pca = pca.transform(X_scaled)
X_pca.shape
```

运行结果如下所示。

```
(10299, 65)
```

步骤7 绘制初始散点图

绘制前两个主成分特征的二维散点图,并使用数据已知类别进行着色。

```
plt.scatter(X_pca[:, 0], X_pca[:, 1], c=y, s=20, cmap='viridis')
```

运行结果如下所示。

```
<matplotlib.collections.PathCollection at 0x7f41bf98a760>
```

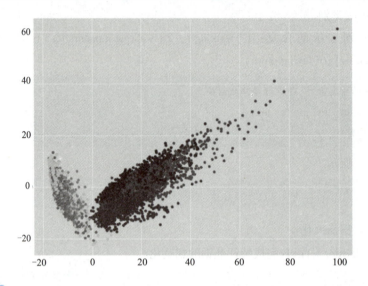

步骤8 k-means 聚类

Sklearn 中的 kMeans( ) 函数原型:

```
kMeans(n_clusters = 8, init = 'k - means + +', n_init = 10, max_iter = 300, tol = 0.0001,
precompute_distances = 'auto', verbose = 0, random_state = None, copy_x = True, n_jobs = 1,
algorithm = 'auto')
```

主要参数如下:

n_clusters:整型,默认值为8,表示生成的聚类数,即产生的质心(centroids)数。

init:三个可选值。"k-means ++""random"或者传递一个 ndarray 向量。此参数指定初始化方法,默认值为"k-means ++"。

- "k-means ++":用一种特殊的方法选定初始质心从而能加速迭代过程的收敛。
- "random":随机从训练数据中选取初始质心。
- 如果传递的是一个 ndarray,则应该形如(n_clusters, n_features)并给出初始质心。

n_init:整型,默认值为10。用不同的质心初始化值运行算法的次数,最终解是在 inertia 意义下选出的最优结果。

max_iter:整型,默认值为300,执行一次 k-means 算法所进行的最大迭代数。

tol:浮点型,默认值为1e-4,与 inertia 结合确定收敛条件。

参数虽然很多,但是绝大多数直接采用默认值即可,在实际使用过程中,传递需要的几个参数即可。

使用 k-means 聚类方法对 PCA 降维后的数据进行聚类操作。尝试聚集为6类,实际上在正常情况下一般并不会知道聚集为几类。设置 n_clusters = n_classes、n_init = 100 以及前面提供的

RANDOM_STATE。

```
kmeans = KMeans(n_clusters = n_classes, n_init = 100,
                random_state = RANDOM_STATE, n_jobs = 1)
kmeans.fit(X_pca)
cluster_labels = kmeans.labels_
```

步骤 9 绘制 *k*-means 聚类结果图形

同样，使用 PCA 前面 2 个主成分特征绘制二维图形，但这一次使用 *k*-means 聚类标签进行着色。

```
plt.scatter(X_pca[:,0], X_pca[:,1], c = cluster_labels, s = 20, cmap = 'viridis')
```

运行结果如下所示。

```
<matplotlib.collections.PathCollection at 0x7f41b9a7e220>
```

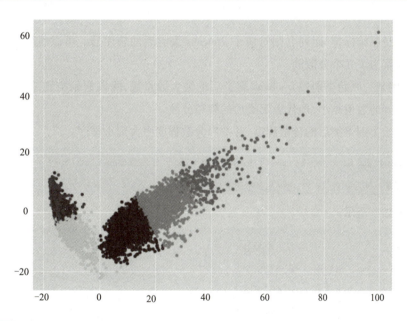

步骤 10 聚类结果分析

可以对比查看原始标签分布和 *k*-means 聚类标签的分布之间的不同之处。分别查看每个原始类别都被 *k*-means 聚类划分成了哪几个簇。

```
tab = pd.crosstab(y, cluster_labels, margins = True)
#将 index 替换为原始标签,列名对应具体的簇
tab.index = ['walking', 'going up the stairs','going down thestairs', 'sitting', 'standing', 'laying', 'all']
```

```
tab.columns = ['cluster' + str(i + 1) for i in range(6)] + ['all']
#输出 tab 数据
tab
```

运行结果如下所示。

	cluster1	cluster2	cluster3	cluster4	cluster5	cluster6	all
walking	903	0	0	78	741	0	1722
going up the stairs	1241	0	0	5	296	2	1544
going down the stairs	320	0	0	196	890	0	1406
sitting	1	1235	91	0	0	450	1777
standing	0	1344	0	0	0	562	1906
laying	5	52	1558	0	0	329	1944
all	2470	2631	1649	279	1927	1343	10299

表格行名是原始标签,而列名则对应了 k-means 聚类后的簇序号。可以看到,几乎每个原始类别都被重新聚为了几个分散簇。

这里,使用某一原始类别被 k-means 聚类后的最大数量簇,除以原始类别总数来表征聚类的分散程度。得到的数值越小,即代表聚类后的簇越分散。

计算各原始类别聚类后的分散程度,并按照分散程度由大到小排序。

```
pd.Series(tab.iloc[:-1, :-1].max(axis=1).values/tab.iloc[:-1, -1].values,
index=tab.index[:-1]).sort_values()
```

运行结果如下所示。

```
walking                  0.524390
going down the stairs    0.633001
sitting                  0.694992
standing                 0.705142
laying                   0.801440
going up the stairs      0.803756
dtype: float64
```

步骤 11 选择合适的聚类 k 值

通过求解观测数据点与其所在的簇的质心之间的平方距离之和选择本次数据的最佳聚类 k 值。

```
inertia = []for k in tqdm_notebook(range(1, n_classes + 1),desc='运行进度:'):
```

项目 5　运用聚类算法进行聚类分析

```
kmeans = kMeans(n_clusters = k, n_init = 100,
#设置随机种子,最大并行数为1
        random_state = RANDOM_STATE, n_jobs = 1).fit(X_pca)
    inertia.append(np.sqrt(kmeans.inertia_))
plt.plot(range(1, 7), inertia, marker = 's')
```

运行结果如下所示。

```
运行进度：   0% |               | 0/6 [00:00 < ?, ? it/s]
[<matplotlib.lines.Line2D at 0x7f41b94af250>]
```

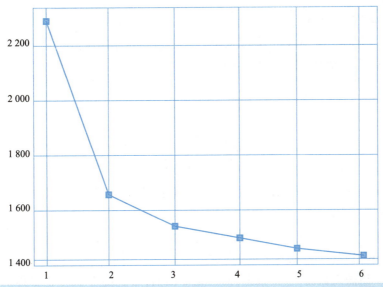

```
d = {}for k in range(2, 6):
    i = k - 1
    d[k] = (inertia[i] - inertia[i + 1]) / (inertia[i - 1] - inertia[i])
d
```

运行结果如下所示。

```
{2: 0.17344753560094503,
 3: 0.4168855575586189,
 4: 0.9332195900967523,
 5: 0.6297019542006947}
```

习　题

1. 以下关于基础聚类模型 k-means 的说法正确的是(　　)。

　　A. 算法中的数字 k 是模型训练的产出

　　B. 每一次训练的结果是一模一样的

169

C. 迭代时通过计算每个簇中的所有样本点的均值来确定新的中心点

D. 每一次训练的结果都是合理的

2. 针对"任务5-4 对三星手机数据降维并聚类",完成对模型的准确率进行验证。参考步骤如下:

步骤1 将训练数据与测试数据合并;

步骤2 重新分割测试数据作为验证数据;

步骤3 对验证数据调用模型,查看准确率。

任务5-5 实例对比 k-means 和 DBSCAN

聚类K-means VS DBSCAN

1. 测一测

①列举 DBSCAN 的优点:_____。

②相比于 DBSCAN,k-means 的优点在于:_____。

③举例说明什么情况下使用 DBSCAN 而不是 k-means _____。

2. 实训步骤

在正式实训之前,先简单回顾一下 k-means 与 DBSCAN 算法。

(1)k-means:均值聚类,对于给定样本集,按照样本之间的距离大小,将样本集划分为 k 个簇。目标是让簇内的点尽量连接在一起,而让簇间的距离尽量大。

(2)DBSCAN:密度聚类,可以通过样本分布的紧密程度决定,同一类别的样本之间是紧密相连的,不同类的样本是分离的。

在本次实训任务中,将使用随机生成的数据,通过在同一个数据上验证 k-means 和 DBSCAN 算法的效果,即在划分非凸数据方面的不同点。

首先生成一组随机数据:三簇数据,两组是非凸的,通过使用 sklearn 工具中的 k-means 和 DBSCAN 方法划分数据。

在步骤2的输出结果中,可以直观地看到样本数据的分布情况。

步骤1 导入包

```
import numpy as np
import matplotlib.pyplot as plt
from sklearn import datasets
% matplotlib inline
```

步骤2 生成随机数据

三簇数据,两组是非凸。

```
X1, y1 = datasets.make_circles(n_samples=10000, factor=.6, noise=.05)
#生成一个大圆和一个小圆,共5000个二维的点
X2, y2 = datasets.make_blobs(n_samples=2000, n_features=2,
```

```
            centers = [[1.2,1.2]], cluster_std = [[.1]], random_state = 9)
#生成1000个以(1.2,1.2)为中心的点
X = np.concatenate((X1, X2))
plt.scatter(X[:, 0], X[:, 1], marker = 'o')
plt.show()
```

运行结果如下所示。

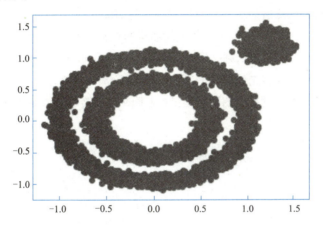

步骤3 使用 k-means 聚类

先看一下 k-means 对上述数据的聚类结果(见图), k-means 对于非凸数据集的聚类表现不好。

```
from sklearn.cluster import KMeans
y_pred = KMeans(n_clusters = 3, random_state = 9).fit_predict(X)
#调用sklearn中的kmeans方法将上面的数据聚类成3类
plt.scatter(X[:, 0], X[:, 1], c = y_pred)
plt.show()
```

运行结果如下所示。

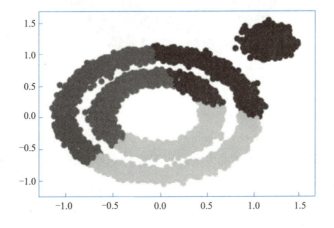

步骤4　DBSCAN 聚类

sklearn 中的 DBSCAN 类原型如下:

```
class sklearn.cluster.DBSCAN(eps = 0.5, * , min_samples = 5, metric = 'euclidean', metric_params = None)
```

DBSCAN 类主要参数如下:

eps:浮点型,默认值为 0.5,对应算法原理中的 ϵ 。

min_samples:整型,默认值为 5,对应算法原理中的 MinPts。

metric:字符串,默认值为 euclidean,计算点之间的距离时使用的度量指标(默认为欧式距离)。如果指标是 string 或 callable,则必须是 sklearn.metric.pairwise_distances 参数所允许的选项之一。若点之间的距离已经预先计算好了,则 metric 为距离矩阵 X,并且必须为正方形。

再看一下 DBSCAN 对上述数据的聚类结果(见下图),直接用默认参数,DBSCAN 的聚类效果也很不好,认为所有的数据都是一类。

```
from sklearn.cluster import DBSCAN
#调用 DBSCN 进行聚类计算
y_pred = DBSCAN().fit_predict(X)
plt.scatter(X[:, 0], X[:, 1], c = y_pred)
plt.show()
```

运行结果如下所示。

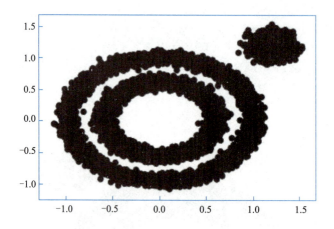

步骤5　DBSCAN 聚类调参

对 DBSCAN 的两个关键参数 eps 和 min_samples 进行调参,从上图可以发现,类别数太少,需要增加类别数,那么可以减小 ϵ-邻域的大小,默认值是 0.5,减小到 0.1,看到聚类效果有了改进,至少边上的那个簇已经被发现了。

```
#设置参数 eps 为 0.1 时,类簇有明显的变化
y_pred = DBSCAN(eps = 0.1).fit_predict(X)
plt.scatter(X[:, 0], X[:, 1], c = y_pred)
plt.show()
```

运行结果如下所示。

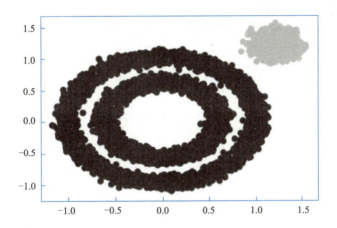

此时需要继续调参增加类别,有两个参数可以调整优化效果。一个是继续减少 eps,另一个是增加 min_samples。通过调整 min_samples 可以发现产生了新的类簇。

```
#将 min_samples 从默认值 5 增加到 20
y_pred = DBSCAN(eps = 0.1, min_samples = 20).fit_predict(X)
plt.scatter(X[:, 0], X[:, 1], c = y_pred)
plt.show()
```

运行结果如下所示。

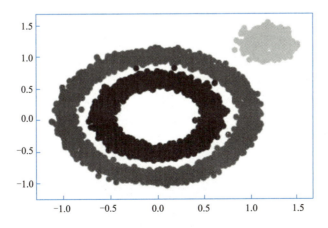

可见现在聚类效果基本让人满意。在实际运用中可能要考虑很多问题,以及更多的参数组合。

习 题

1. 以下不是 k-means 算法收敛条件的是( )。

   A. 达到最大的迭代次数　　　　　B. 各簇质心不再发生变化

   C. 调整幅度小于阈值　　　　　　D. 所有样本合并成一个簇

2. 针对"任务 5-1　小样本实现 k-means 聚类",使用 sklearn 中的 k-means 实现样本聚类,另外实现对 k-means 的改进,即 k-means ++ 。

   注意:k-means 算法的初始质心选择是随机的,可能导致样本收敛速度过慢,k-means ++ 优化了初始质心的选择。

项目 6 运用朴素贝叶斯算法实现文本分类

6.1 项目导入

社交媒体是人们彼此之间用来分享见解、经验和时事热点的工具和平台,现阶段主要包括社交网站、微博等。各大社交媒体都有自己的推荐系统,当你进行网络搜索,浏览社交媒体上的信息,或者从 Spotify 上接收到歌曲推荐时,实际上你正在被算法指导,甚至算法比你本人更了解你的消费习惯。本项目将了解和应用文本分类中的朴素贝叶斯算法。

6.2 项目目标

(1)熟悉先验概率、后验概率等概念。
(2)理解朴素贝叶斯的大致原理。
(3)能够应用朴素贝叶斯模型解决实际问题。

6.3 知识导入

6.3.1 贝叶斯公式

如图 6-1 所示,有两个一模一样的 1 号筐和 2 号筐,一号筐放 3 个苹果和 7 个香蕉,2 号筐放 5 个苹果和 5 个香蕉。现在遮住眼睛随机选择一个筐,从中拿出一个水果,发现是苹果。那么这个苹果来自 1 号筐的概率是多大?

现假设用 B 表示拿出的水果是苹果。用 A_1 表示,来自 1 号筐,用 A_2 表示来自 2 号筐。

先验概率:拿水果之前,随机选择两个筐的概率相同,即 $P(A_1) = P(A_2) = 50\%$,这就是先验概率。

后验概率:问题是在已知 B 的情况下,A_1 的概率有多大?即求 $P(A_1|B)$,这就是后验概率。

贝叶斯公式为

$$P(A_1|B) = \frac{P(B|A_1)P(A_1)}{P(B)}$$

全概率公式为

$$P(B) = P(B|A_1)P(A_1) + P(B|A_2)P(A_2)$$

根据全概率公式,将 $P(B)$ 代入贝叶斯公式可以得到以下公式:

$$P(A_1|B) = \frac{P(B|A_1)P(A_1)}{P(B|A_1)P(A_1) + P(B|A_2)P(A_2)}$$

显然,上式中的 $P(A_1)$、$P(A_2)$、$P(B|A_1)$、$P(B|A_2)$ 都是先验概率,可以直接计算,将其代入公式即可得出 $P(A_1|B)$,即苹果来自 1 号框的概率。

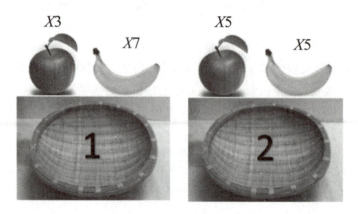

图 6-1 取水果

6.3.2 朴素贝叶斯

贝叶斯分类器的基本方法就是在统计数据的基础上,依据某些特征,计算各个类别的概率,从而实现分类。假设某样本有 n 个特征(Feature),分别为 $F_1,F_2,\cdots,F_n$。现有 m 个类别,分别为 $C_1,C_2,\cdots,C_m$。贝叶斯分类器就是计算出概率最大的那个类,也就是求下面算式的最大值:

$$P(C|F_1F_2\cdots F_n) = \frac{P(F_1F_2\cdots F_n|C)P(C)}{P(F_1F_2\cdots F_n)}$$

由于在求每一类的 $P(C|F_1F_2\cdots F_n)$ 时公式中的 $P(F_1F_2\cdots F_n)$ 都是相同的,所以可以省略,即只要求出 $P(F_1F_2\cdots F_n|C)P(C)$ 的最大值。

朴素贝叶斯在此基础上做了独立性假设,即所有特征相互独立,则 $P(F_1F_2\cdots F_n|C)P(C) = P(F_1|C)P(F_2|C)\cdots P(F_n|C)P(C)$,式中等号右边的每一项,都可以从统计数据中得到,由此就可以计算出每个类别对应的概率,从而找出最大概率的那个类。

6.3.3 朴素贝叶斯应用场景

(1)文本分类。
(2)情感识别(也可转化为文本分类问题)。
(3)多分类实时预测。
(4)推荐系统。

6.4 项目实施

任务6-1 云盘图片自动分类

朴素贝叶斯——
云盘图片自动
分类

1. 测一测

①朴素贝叶斯的英文名称是：_____。
②你对先验概率的理解是：_____。
③你对后验概率的理解是：_____。
④你对条件概率的理解是：_____。
⑤朴素贝叶斯做的假设是：_____。

2. 实训步骤

互联网时代,每个人都会产生大量的文件资料需要管理存储,传统存于本地硬盘的文件由于容量限制以及不能随时随地查看,无法满足部分人的需求。面对这些问题,各大互联网公司推出了云盘服务,用户可以将文件上传至云端,方便存储本地图片以及在互联网上进行分享。当用户将图片上传至网盘时,所有图片都是杂乱无章的,如果能将这些图片自动地分门别类,这样可以方便管理。假如小艾现在从云盘下载了一些包含人物、美食、风景等十种类别的图片,他要尝试使用贝叶斯算法对这些图片进行分类。

在实训之前,先解压需要的数据集,数据集的路径是"./data-sets/imageclass10.zip",使用如下命令解压文件。

```
#解压文件
!unzip -o ./data-sets/imageclass10.zip -d ./
```

本任务的数据集收集了包括海滩、美食、人物、汽车等十种类别的图片,这些图片被分为十个文件,每类图片有100张,每个文件夹的名称就是每张图片的类别,如图6-2所示,任务是利用这些图片构建一个模型。

图 6-2 云盘图片示例

步骤 1 导入包

os 是 Python 中整理文件和目录最为常用的模块,该模块提供了非常丰富的方法用来处理文件和目录,在这里用于获取数据集路径下的所有图片。

cv2 是一个处理视频和图片的库,可以用来对图片进行缩放、读取等操作。

NumPy 是科学计算库,用于矩阵计算。

train_test_split()函数将数据分为训练集和测试集。

sklearn.metrics 模块中的 classification_report()函数返回分类指标的文本报告,在报告中显示每个类的精确度、召回率、F1 值等信息。

sklearn.naive_bayes 模块中的 BernoulliNB 用来实现朴素贝叶斯分类。

```
#导入相关包
import os
import cv2
import numpy as np
from sklearn.model_selection import train_test_split
from sklearn.metrics import classification_report
from sklearn.naive_bayes import BernoulliNB
```

步骤 2 获取数据

解压完图片之后,图片存放在"./photo2"文件夹内。

在本步骤中需要先遍历所有文件夹,然后将图片的名称赋值给列表 X,将文件夹的名称即文件夹中图片的类别赋值给列表 Y,其中 os.listdir()函数返回指定文件夹包含的文件或文件夹名字的列表,如图 6-3 所示。

项目6 运用朴素贝叶斯算法实现文本分类

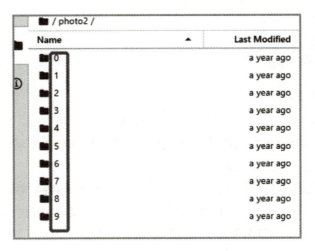

图 6-3 图片数据所在文件夹

(1) 提取特征和标签。

```
#划分训练集和测试集
X = []                          #定义图片名称
Y = []                          #定义图片的类别标签
for i in range(0, 10):          #一共是十个文件夹
    for f in os.listdir("./photo2/%s" % i):     #遍历文件夹读取图片名称
        X.append("./photo2/" + str(i) +"/" + str(f))   #获取图片的名称添加至 X 列表中
        Y.append(i)             #获取图片类标,即将文件夹名称添加至 Y 列表中
X = np.array(X)                 #将列表转化为数组
Y = np.array(Y)
```

(2) 划分训练集和测试集。

将全部图片按 1:4 分为测试集与训练集,并输出训练集和测试集的样本数量。这里 train_test_split 划分数据集,随机种子设置为 1。

```
#选取其中 20% 作为测试集
X_train,X_test,y_train,y_test = train_test_split(X,Y,
test_size = 0.2,   random_state = 1)
#test_size = 0.2 即选取其中 20% 作为测试集
#random_state = 1 即随机种子设置为 1,确保每次的划分结果都一样
print(len(X_train), len(X_test), len(y_train), len(y_test))
#输出训练集和测试集的样本数
print(X_train[0])
#X_train 存放的是图片的路径和名称
```

运行结果如下所示。

```
800 200 800 200
./photo2//3//365.jpg
```

步骤3 数据预处理

X_train 和 X_test 存储的是图片的路径和名称,根据路径取读取数据。其中:

cv2 是 Python 中的计算机视觉库,拥有丰富的常用图像处理函数库,经常使用它进行图像识别和图像处理,如缩放、图像平滑等操作。

cv2.imdecode()函数从指定的内存缓存中读取数据,并把数据转换(解码)成图像格式。

np.fromfile()函数表示从某个路径中读回数据时需要用户指定元素类型。

cv2.resize()函数用来调整图像尺寸,在这里将所有图像都变成(256,256)的尺寸。

cv2.calcHist()函数用来计算图像的直方图,图像的直方图是指对图像的像素值进行统计,得到像素值的频率分布,直方图可以清晰地了解图像的整体灰度分布,在机器学习中可以使用直方图作为图像的特征进行训练。

```
#图像读取及转换为直方图
#训练集
XX_train = []
#定义一个训练集特征的列表
for i in X_train:
    image = cv2.imdecode(
np.fromfile(i, dtype = np.uint8), cv2.IMREAD_COLOR)        #读取数据
    img = cv2.resize(image, (256, 256), interpolation = cv2.INTER_CUBIC)
    #将所有图像的像素都设置为(256,256)大小
    hist = cv2.calcHist([img], [0, 1], None, [256, 256], [0.0, 255.0, 0.0, 255.0])
    #计算图像直方图并存储至 XX_train 数组,直方图可作为图像的特征进行训练
    XX_train.append(((hist / 255).flatten()))        #hist 是一个数组,形状是(256,
256),flatten()函数展平为一个一维数组,形状为(65536,)
    print(XX_train[0])
    #查看训练集的第一条数据,存储的是直方图的结果
```

运行结果如下所示。

```
[1.9882352    0.5411765    0.44705883…0.        0.        0.        ]
```

```
#测试集
XX_test = []
for i in X_test:
    image = cv2.imdecode(np.fromfile(i,
```

```
        dtype = np.uint8), cv2.IMREAD_COLOR)      #读取数据
    img = cv2.resize(image, (256, 256), interpolation = cv2.INTER_CUBIC)
    #将所有图像的像素都设置为(256,256)大小
    hist = cv2.calcHist([img], [0, 1], None, [256, 256], [0.0, 255.0, 0.0, 255.0])
    #计算图像直方图并存储至 XX_train 数组,直方图可作为图像的特征进行训练
    XX_test.append(( ( hist / 255).flatten()))      #hist 是一个数组,形状是(256, 256),
flatten()函数展平为一个一维数组,形状为(65536,)
    print(XX_test[0])     #查看测试集的第一条数据
```

运行结果如下所示。

```
[0.08235294 0.03137255 0.03921569…0.          0.          0.         ]
```

步骤4 构建贝叶斯分类模型

朴素贝叶斯分类器是一种有监督学习,常见有三种模型:多项式模型(即词频型)、伯努利模型(即文档型)、高斯模型。多项式模型朴素贝叶斯和伯努利模型朴素贝叶斯常用在文本分类问题中;高斯分布的朴素贝叶斯主要用于连续变量中,且假设连续变量是服从正态分布的。

(1)多项式模型(MultinomialNB)。当特征是离散时,使用多项式模型。多项式模型在计算先验概率和条件概率时,会做一些平滑处理。如果不做平滑,当某一维特征的值 x_i 没在训练样本中出现过时,会导致条件概率为0,从而导致后验概率为0,加上平滑后可以克服这个问题。适用于服从多项分布的特征数据。

```
class sklearn.naive_bayes.MultinomialNB(alpha = 1.0, fit_prior = True, class_prior = None)
```

参数说明如下:

alpha:先验平滑因子,默认值为1,当等于1时表示拉普拉斯平滑。

fit_prior:是否去学习类的先验概率,默认值为 True。

class_prior:各个类别的先验概率,如果没有指定,则模型会根据数据自动学习,每个类别的先验概率相同,等于类标记总个数 N 分之一。

MultinomialNB 类的对象如下:

- class_log_prior_:每个类别平滑后的先验概率。
- intercept_:朴素贝叶斯对应的线性模型,其值和 class_log_prior_相同。
- feature_log_prob_:给定特征类别的对数概率(条件概率)。特征的条件概率=(指定类下指定特征出现的次数+alpha)/(指定类下所有特征出现次数之和+类的可能取值个数×alpha)。
- coef_:朴素贝叶斯对应的线性模型,其值和 feature_log_prob 相同。
- class_count_:训练样本中各类别对应的样本数。
- feature_count_:每个类别中各个特征出现的次数。

(2)高斯模型(GaussianNB)。高斯朴素贝叶斯算法是假设特征的可能性(即概率)为高斯分

布。当特征是连续变量时,运用多项式模型会导致很多条件概率为 0。处理连续的特征变量时应该采用高斯模型。

```
class sklearn.naive_bayes.GaussianNB(priors=None)
```

参数说明如下:

priors:先验概率大小,如果没有给定,模型则根据样本数据自己计算(利用极大似然法)。

GaussianNB 类的对象如下:

- class_prior_:每个样本的概率。
- class_count:每个类别的样本数量。
- theta_:每个类别中每个特征的均值。
- sigma_:每个类别中每个特征的方差。

(3)伯努利模型(BernoulliNB)。伯努利模型适用于离散特征的情况,不同的是,伯努利模型中每个特征的取值只能是 0 和 1。

```
classsklearn.naive_bayes.BernoulliNB(alpha=1.0, binarize=0.0, fit_prior=True, class_prior=None)
```

BernoulliNB()函数的参数说明如下:

alpha:浮点型可选参数,默认值为 1.0,就是防止某个词语出现的频次为 0 而使该词语的频次加 1,可以理解为不使最后的概率为 0。

binarize:用于将样本特征二值化(映射为布尔值)的阈值。如果为 None,则假定输入已经由二进制向量组成。

fit_prior:布尔型可选参数,默认值为 True。布尔参数 fit_prior 表示是否要考虑经验,如果是 false,则所有样本类别输出都有相同的类经验值。

class_prior:该类的先验概率。如果指定了先验,则不会根据数据进行调整。

BernoulliNB 类的对象如下:

- class_log_prior_:每个类别平滑后的先验对数概率。
- feature_log_prob_:给定特征类别的经验对数概率。
- class_count_:拟合过程中每个样本的数量。
- feature_count_:拟合过程中每个特征的数量。

每种模型可调用的方法如下:

- fit(X,Y):在数据集(X,Y)上拟合模型。
- get_params():获取模型参数。
- predict(X):对数据集 X 进行预测。
- predict_log_proba(X):对数据集 X 预测,得到每个类别的概率对数值。
- predict_proba(X):对数据集 X 预测,得到每个类别的概率。
- score(X,Y):得到模型在数据集(X,Y)的得分情况。

项目6 运用朴素贝叶斯算法实现文本分类

```
#构建一个伯努利朴素贝叶斯分类器
clf = BernoulliNB()
```

步骤5 进行模型训练

使用 BernoulliNB 类的 fit( )函数进行模型训练。

```
#传入训练集特征和标签进行训练
clf.fit(XX_train, y_train)
```

运行结果如下所示。

```
BernoulliNB()
```

步骤6 模型预测

最后一步进行模型预测,使用 classification_report 输出精确率、召回率、F1-score 三个指标。

```
predictions_labels = clf.predict(XX_test)
#使用 predict()方法进行预测时,返回值是样本的类别
print('预测结果:',predictions_labels)
#输出测试集样本预测类别
acc = clf.score(XX_test,y_test)
#score()函数是用来计算训练好的模型在测试集上预测正确的占总体的百分比
print('模型在测试集上的准确率为:',acc)
```

运行结果如下所示。

```
预测结果:[3 1 4 9 2 9 4 8 3 0 4 1 3 8 9 2 8 9 6 4 5 4 5 5 4 1 0 6 7 3 0 2 7 4 4 2 0
7 6 8 8 6 0 1 0 9 5 0 4 9 7 3 5 0 3 4 8 7 4 6 3 2 3 7 8 8 4 5 5 0 9 3 3 9
4 9 1 8 1 7 2 7 7 7 9 9 2 5 5 5 7 1 8 0 4 6 0 2 2 2 3 9 0 1 4 8 2 2 2 9 4
7 9 2 8 1 7 4 1 9 1 8 0 2 4 9 7 7 6 8 5 2 6 0 9 8 7 8 3 9 0 1 1 8 8 5 5 9
5 0 3 9 1 5 0 5 9 6 2 2 1 2 1 6 1 4 2 5 7 1 2 2 4 4 7 1 2 1 8 9 2 0 7 6 5
9 2 5 5 9 6 1 0 5 9 4 8 9 8 2]
模型在测试集上的准确率为:0.685
```

习 题

1. 下列关于朴素贝叶斯特点的说法错误的是( )。

　　A. 朴素贝叶斯模型发源于古典数学理论,数学基础坚实

　　B. 朴素贝叶斯模型无须假设特征条件独立

　　C. 朴素贝叶斯处理过程简单,分类速度快

　　D. 朴素贝叶斯对小规模数据表现较好

2. 参照"任务6-1 云盘图片自动分类",尝试调整模型参数,将模型在测试集的准确率提高到0.8。

任务6-2 豆瓣影评情感分类

朴素贝叶斯——
豆瓣Top251
影评情感分析
与预测

1. 测一测

①朴素贝叶斯是基于现有特征的_____来对输入进行分类的。
②朴素贝叶斯算法适用的场景:不同维度或特征之间的相关性_____(较小/较大),需要模型容易解释的场景。
③朴素贝叶斯算法主要用于解决分类问题,可以处理_____(线性/非线性)数据。
④贝叶斯分类的基础是:_____定理。
⑤sklearn 中关于朴素贝叶斯算法的模型有哪几种:_____。

2. 实训步骤

电影已成为一个国家或地区的文化输出,提到美国电影,想到的词包括:美国大片、动作片、科幻片、好莱坞等。提到印度电影,想到的词包括:宝莱坞、歌舞片等。豆瓣电影是国内较权威的电影评分网站之一,参与评论及评分的人数众多,较能代表大众对这部电影的喜爱程度。小艾作为一个电影爱好者,现抓取 Top250 豆瓣电影下面的影评,采用机器学习的经典朴素贝叶斯算法对抓取的电影的评论进行分类与预测,带你进入电影的"世界"。

影评数据约为5万条,好评差评各占50%。其中情感列标签为"0",表示负面评论,标签为"1",表示正面评论。

```
#解压文件
!unzip -o ./data-sets/douban_train.zip -d ./
```

步骤1 导入 Python 包

jieba 库,用于对中文文本分词。
sklearn 库 feature_extraction.text 模块中的 CountVectorizer,用于将文本向量化。
sklearn 库 naive_bayes 模块中的 MultinomialNB,用于构建朴素贝叶斯模型。

```
import random
import numpy as np
import csv
import jieba
from sklearn.feature_extraction.text import CountVectorizer
from sklearn.naive_bayes import MultinomialNB
```

步骤2 读取数据集

使用 csv 库读取保存于 csv 表格中的数据集。

分别将评论的文本内容以及对应的类别(好评或差评)提取出来,保存到列表 review_list、sentiment_list 中。

```python
file_path = './data/review.csv'
with open(file_path,'r') as f:
    reader = csv.reader(f)
    rows = [row for row in reader]
#将读取出来的语料转为 list
review_data = np.array(rows).tolist()
#打乱语料的顺序
random.shuffle(review_data)
review_list = []
sentiment_list = []
#第一列为差评/好评,第二列为评论
for words in review_data:
    review_list.append(words[1])
    sentiment_list.append(words[0])
print(review_list[:2], sentiment_list[:2])
#输出前 10 条数据的文本和对应的类别标签
```

运行结果如下所示。

['当年看还没什么感觉,莫非年纪太小看不懂? ', '似乎两小时太短,远远不够所说的故事,这是一个残忍而温情的故事,母体是人类精神最终的归宿'] ['0', '1']

步骤 3 划分训练集和测试集

将数据集按照 4∶1 划分成训练集和测试集,并输出训练集和测试集的样本数量。

```python
n = len(review_list) // 5
#向下取整
train_review_list, train_sentiment_list = review_list[n:], sentiment_list[n:]
test_review_list, test_sentiment_list = review_list[:n], sentiment_list[:n]
print('训练集数量: {}'.format(str(len(train_review_list))))
print('测试集数量: {}'.format(str(len(test_review_list))))
```

运行结果如下所示。

训练集数量:41402
测试集数量:10350

步骤4 语料分词

```python
import re
import jieba
jieba.load_userdict("./data/userdict.txt")
stopword_path = './data/stopwords.txt'
def load_stopwords(file_path):
    stop_words = []
    with open(file_path, encoding='UTF-8') as words:
        stop_words.extend([i.strip() for i in words.readlines()])
    return stop_words
def review_to_text(review):
    stop_words = load_stopwords(stopword_path)
    #去除英文
    review = re.sub("[^\u4e00-\u9fa5^a-z^A-Z]", "", review)
    review = jieba.cut(review)
    #去掉停用词
    if stop_words:
        all_stop_words = set(stop_words)
        words = [w for w in review if w not in all_stop_words]
    return words
#用于训练的评论
review_train = [' '.join(review_to_text(review))
                for review in train_review_list]
#对于训练评论对应的好评/差评
sentiment_train = train_sentiment_list
#用于测试的评论
review_test = [' '.join(review_to_text(review))
               for review in test_review_list]
#对于测试评论对应的好评/差评
sentiment_test = test_sentiment_list
```

运行结果如下所示。

```
Building prefix dict from the default dictionary…
Dumping model to file cache /tmp/jieba.cache
Loading model cost 0.756 seconds.
Prefix dict has been built successfully.
```

步骤5 数据预处理

使用 Countvectorizer( ) 将一个文档转换为向量,计算词汇在文本中出现的频率。CountVectorizer 类会将文本中的词语转换为词频矩阵,例如,矩阵中包含一个元素 $a[i][j]$,它表示 j 词在 i 类文本下的词频。它通过 fit_transform( ) 函数计算各个词语出现的次数。

```
count_vec = CountVectorizer(max_df=0.8, min_df=3)
train = count_vec.fit_transform(review_train)
#在训练集上学习参数并转化
test = count_vec.transform(review_test)
#使用在训练集上学习的参数对测试集进行转化
```

步骤6 开始训练朴素贝叶斯模型

sklearn 中 MultinomialNB 类的原型如下:

```
class sklearn.naive_bayes.MultinomialNB(alpha=1.0, fit_prior=True, 
class_prior=None)
```

参数说明如下:

alpha:浮点型可选参数,默认值为 1.0,就是防止某个词语出现的频次为 0 而使该词语的频次加 1,可以理解为不使最后的概率为 0。

fit_prior:布尔型可选参数,默认值为 True。布尔参数 fit_prior 表示是否要考虑经验,如果是 false,则所有的样本类别输出都有相同的类别先验值。

class_prior:布尔参数 fit_prior 表示是否要考虑先验概率,如果是 False,则所有的样本类别输出都有相同的类别先验概率。否则,可以用第三个参数 class_prior 输入先验概率,或者不输入第三个参数 class_prior 让 MultinomialNB 自己从训练集样本中计算先验概率。

```
mnb = MultinomialNB()
model = mnb.fit(train, sentiment_train)
```

步骤7 模型预测和评估

调用 MultinomialNB 类的 score( ) 方法说明:

score(self, X, y):返回给定数据集的准确率。

```
#测试集准确率
print('测试集准确率:{}'.format(model.score(test, sentiment_test)))
```

运行结果如下所示。

```
测试集准确率: 0.7867632850241546
```

习 题

1. 下列关于朴素贝叶斯的特点说法错误的是(　　　)。
   A. 它是一个分类算法
   B. 朴素的意义在于它的一个假设:所有特征之间是相互独立的
   C. 它实际上是将多条件下的条件概率转换成了单一条件下的条件概率,简化了计算
   D. 朴素贝叶斯不需要使用联合概率
2. 使用给定的水果数据集,构建朴素贝叶斯分类器实现对水果类别的预测。

任务6-3　新闻分类

视频

朴素贝叶斯——
Twitter新闻分类

1. 测一测

①写出一个朴素贝叶斯算法的优点：_____。
②写出一个朴素贝叶斯算法的缺点：_____。
③如果样本特征大部分是连续值(如身高、体重),建议使用 sklearn 中的模型是_____
_____(GaussianNB、MultinomialNB、BernoulliNB)。
④如果样本特征大部分是二元离散值(如性别、某属性是否存在),建议使用 sklearn 中的模型是_____(GaussianNB、MultinomialNB、BernoulliNB)。
⑤如果样本特征大部分是多元离散值(如文档分类中的词频),建议使用 sklearn 中的模型是_____(GaussianNB、MultinomialNB、BernoulliNB)。

2. 实训步骤

20newsgroups 数据集是用于文本分类、文本挖掘和信息检索研究的国际标准数据集之一。数据集收集了大约 20 000 篇新闻组文档,均匀分为 20 个不同主题的新闻组集合。该数据集有三个版本:第一个版本是原始的并没有修改过的版本;第二个版本按时间顺序分为训练(60%)和测试(40%)两部分数据集,不包含重复文档和新闻组名(新闻组、路径、隶属于、日期);第三个版本不包含重复文档,只有来源和主题。

在 sklearn 中,该模型有两种装载方式:

第一种是 sklearn.datasets.fetch_20newsgroups,返回一个可以被文本特征提取器(如 sklearn.feature_extraction.text.CountVectorizer)自定义参数提取特征的原始文本序列;第二种是 sklearn.datasets.fetch_20newsgroups_vectorized,返回一个已提取特征的文本序列,即不需要使用特征提取器。

现在利用朴素贝叶斯算法对新闻数据集进行分类。

步骤1　导入 Python 包

导入相关的库,在本案例中,需要从 sklearn 的 naive_bayes 模块中导入 MultinomialNB。

```
from sklearn.naive_bayes import MultinomialNB
#导入多项式贝叶斯
```

```
import numpy as np
#导入数值分析库
from sklearn.datasets import fetch_20newsgroups_vectorized
#导入自带的新闻数据包
from sklearn.metrics import classification_report
#导入分类表格模块,返回每个类的精确率、召回率、F1 值等评价指标
```

步骤2 获取数据

fetch_20newsgroups_vectorized 数据集包含了 18 000 多篇新闻文章,一共涉及 20 种话题。但是,这些文章是被进行特征处理过的,不再是 str 字符类型的数据,这个数据集返回的是随时可用的特征;一共有两部分:训练集和测试集。

fetch_20newsgroups_vectorized( )函数原型:

```
fetch_20newsgroups_vectorized(data_home=None,subset='train',shuffle=True,random_state=42,remove=(),download_if_missing=True)
```

fetch_20newsgroups_vectorized( )函数参数说明如下:

data_home:数据集的地址,如果为默认值,所有数据都在"~/scikit_learn_data"文件夹下。

subset:train,test,all 可选,分别对应训练集、测试集和所有样本。

random_state:打乱顺序的随机种子。

remove:一个元组,用来去除一些停用词,如标题引用等。

download_if_missing:如果数据缺失,是否下载。

```
data_train = fetch_20newsgroups_vectorized(subset = 'train')
#加载数据集,提取训练集
data_test = fetch_20newsgroups_vectorized(subset = 'test')
#加载数据集,提取测试集
data_train.target_names
```

运行结果如下所示。

```
['alt.atheism',
 'comp.graphics',
 'comp.os.ms-windows.misc',
 'comp.sys.ibm.pc.hardware',
 'comp.sys.mac.hardware',
 'comp.windows.x',
 'misc.forsale',
 'rec.autos',
 'rec.motorcycles',
```

```
'rec.sport.baseball',
'rec.sport.hockey',
'sci.crypt',
'sci.electronics',
'sci.med',
'sci.space',
'soc.religion.christian',
'talk.politics.guns',
'talk.politics.mideast',
'talk.politics.misc',
'talk.religion.misc']
```

步骤3 提取影评特征和标签

```
x_train = data_train.data
#数据的特征存放在data属性中
y_train = data_train.target
#数据的类别标签
x_test = data_test.data
y_test = data_test.target
print("查看第一条新闻")
print(x_train[0])
```

运行结果如下所示。

```
查看第一条新闻
  (0, 5022)     0.017109647770728872
  (0, 5886)     0.017109647770728872
  (0, 6214)     0.017109647770728872
  (0, 6216)     0.017109647770728872
  (0, 6281)     0.017109647770728872
  (0, 6286)     0.017109647770728872
  (0, 6324)     0.017109647770728872
  (0, 6331)     0.017109647770728872
  (0, 6403)     0.017109647770728872
  (0, 11391)    0.017109647770728872
  (0, 13930)    0.017109647770728872
  (0, 15094)    0.017109647770728872
  (0, 15251)    0.017109647770728872
```

(0, 15530)	0.017109647770728872
(0, 16731)	0.017109647770728872
(0, 20228)	0.017109647770728872
(0, 26214)	0.017109647770728872
(0, 26806)	0.017109647770728872
(0, 27436)	0.017109647770728872
(0, 27618)	0.017109647770728872
(0, 27645)	0.017109647770728872
(0, 27901)	0.017109647770728872
(0, 28012)	0.05132894331218662
(0, 28146)	0.41063154649749295
(0, 28421)	0.034219295541457743
⋮	⋮
(0, 123218)	0.017109647770728872
(0, 123292)	0.017109647770728872
(0, 123430)	0.017109647770728872
(0, 123575)	0.034219295541457743
(0, 123796)	0.10265788662437324
(0, 123984)	0.05132894331218662
(0, 124055)	0.06843859108291549
(0, 124147)	0.034219295541457743
(0, 124154)	0.017109647770728872
(0, 124549)	0.017109647770728872
(0, 124616)	0.017109647770728872
(0, 125017)	0.017109647770728872
(0, 125053)	0.05132894331218662
(0, 125110)	0.017109647770728872
(0, 125271)	0.017109647770728872
(0, 125273)	0.017109647770728872
(0, 128026)	0.017109647770728872
(0, 128084)	0.017109647770728872
(0, 128096)	0.034219295541457743
(0, 128387)	0.017109647770728872
(0, 128402)	0.017109647770728872
(0, 128420)	0.034219295541457743
(0, 129056)	0.034219295541457743
(0, 129057)	0.034219295541457743
(0, 129935)	0.034219295541457743

步骤 4 构建分类模型

调用 sklearn 库中的 MultinomialNB 建立朴素贝叶斯分类模型。

```
model = MultinomialNB()
```

步骤 5 训练分类模型

调用 MultinomialNB 类的 fit( ) 函数开始训练朴素贝叶斯分类模型。

```
model.fit(x_train,y_train)
```

运行结果如下所示。

```
MultinomialNB()
```

步骤 6 测试分类模型

调用 MultinomialNB 类的 predict( ) 函数输出模型在测试集上的预测结果。

另外,调用 classification_report( ) 函数输出精确率、召回率、F1-score 三个指标。

```
y_pre = model.predict(x_test)
print(classification_report(y_test,y_pre,target_names=data_test.target_names))
```

运行结果如下所示。

```
                          precision    recall  f1-score   support

             alt.atheism       0.85      0.24      0.37       319
           comp.graphics       0.71      0.60      0.65       389
 comp.os.ms-windows.misc       0.79      0.65      0.71       394
comp.sys.ibm.pc.hardware       0.63      0.75      0.69       392
   comp.sys.mac.hardware       0.86      0.68      0.76       385
          comp.windows.x       0.88      0.68      0.77       395
            misc.forsale       0.90      0.72      0.80       390
               rec.autos       0.71      0.92      0.80       396
         rec.motorcycles       0.84      0.91      0.87       398
      rec.sport.baseball       0.86      0.85      0.86       397
        rec.sport.hockey       0.90      0.93      0.91       399
               sci.crypt       0.52      0.96      0.67       396
         sci.electronics       0.78      0.52      0.63       393
                 sci.med       0.82      0.76      0.79       396
               sci.space       0.83      0.81      0.82       394
  soc.religion.christian       0.34      0.98      0.51       398
      talk.politics.guns       0.66      0.80      0.73       364
   talk.politics.mideast       0.96      0.72      0.82       376
      talk.politics.misc       1.00      0.17      0.29       310
      talk.religion.misc       1.00      0.01      0.02       251

                accuracy                           0.71      7532
               macro avg       0.79      0.68      0.67      7532
            weighted avg       0.79      0.71      0.69      7532
```

习题

1. 以下关于朴素贝叶斯算法说法错误的是(   )。

    A. 适合多分类任务　　　　　　B. 训练速度快

    C. 属于生成模型　　　　　　　D. 特征有缺失值无法计算

2. 某社区医院早上收了六个门诊病人,见表 6-1。

表 6-1　疾病概率预测题数据集

姓名	职业	症状	疾病
A	教师	头痛	脑震荡
B	建筑工人	头痛	脑震荡
C	建筑工人	头痛	感冒
D	教师	打喷嚏	感冒
E	司机	打喷嚏	过敏
F	售货员	打喷嚏	感冒

现在又来了第七个病人,是一个打喷嚏的建筑工人,请问他患上感冒的概率有多大?尝试构建朴素贝叶斯模型进行求解。

附录A

A.1 特征工程

特征工程:利用数据领域的知识创建使机器学习算法达到最佳性能的特征的过程。

特征工程是机器学习的关键步骤,目的是最大限度地从原始数据中提取特征以供算法和模型使用。如附图 A-1 所示,机器学习过程包括以下几个关键步骤:

(1)数据获取(标注/抓取数据)。

(2)数据清洗。

(3)特征预处理。

(4)模型训练。

(5)模型预测。

特征工程是机器学习流程中的一环。特征的好坏直接决定模型的性能。特征工程如附图 A-1 所示。

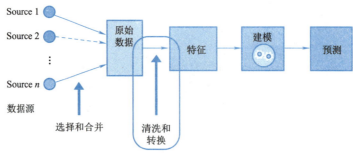

附图 A-1 特征工程

假如有一个机器学习系统需要对人的性别进行分类,这属于经典的模式分类问题,处理步骤如下:

(1)信息获取。

(2)预处理:对获取信息进行清洗、规范化等各种处理。

(3)特征提取与选择:将识别样本构造成便于比较、分析的描述量即特征向量。

(4) 分类器设计：由训练过程将训练样本提供的信息变为判别事物的判别函数。

(5) 分类决策：对样本特征分量按判别函数的计算结果进行分类。

以上步骤中的第 3 步特征选择的好坏直接决定分类器的性能。

数据清洗：数据清洗主要是对原始数据进行规整化，目标是使得数据能够满足模型处理的数据格式。如从网页抓取的数据，一般除了需要的文本数据外，还包括不需要的标签数据。这时，需要进行数据清洗工作，剔除无用的标签或符号数据，只保留需要的文本内容。另外，一般在实际场景中，获取的数据或多或少存在缺失情况，如一条数据中有多个数据项或特征，其中某个数据项没有对应值，而模型并不能自动处理这种数据缺失的情况。这时，需要对缺失数据进行相应处理，直接删除缺失数据、使用固定值或者其他合适值填充等。

A.2 特征预处理

在机器学习算法实践中，往往有着将不同规格的数据转换到同一规格，或不同分布的数据转换到某个特定分布的需求，这种需求统称为将数据"无量纲化"。在梯度和矩阵为核心的算法中，如逻辑回归、支持向量机、神经网络等，无量纲化可以加快求解速度；而在距离类模型，譬如 k-近邻、K-means 聚类中，无量纲化可以提升模型精度，避免某个取值范围特别大的特征对距离计算造成影响。

如附图 A-2 所示，做 7 类犬种区分时，需要先归纳其特点：

(1) 可区分的特点：耳朵大小、体型大小、眼睛、毛长。

(2) 不可区分的特点：毛色。

特征：一事物异于其他事物的特点，就是某些突出性质的表现，是区分事物的关键。要对事物分类或识别，实际就是先提取特征，通过特征的表现进行判断。

附图 A-2 犬种分类

那么针对犬种区分任务，假设特征取值有：

- 耳朵大小：2 cm、3 cm、6 cm。
- 体型大小：10 斤、50 斤、130 斤。

- 眼睛:黑色、棕色、蓝色。
- 毛长:长、短。

特征值存在量纲不同以及分类离散特征,无法直接计算,需要进一步做特征处理。

A.2.1 无量纲化

1. 标准化

标准化数据通过减去均值然后除以方差(或标准差),这种数据标准化方法经过处理后数据符合标准正态分布,即均值为0,标准差为1。如果数据的分布本身服从正态分布,就可以用这个方法。

下面对任意二维数组进行数据标准化。

提示:
- 使用 random( ) 函数构造任意二维数组;
- 先求平均值;
- 再求方差;
- 代入标准化公式。

```python
import numpy as np                              #使用numpy的语句
#产生随机数
#从标准正态分布中返回一个或多个样本值
data_2 = np.random.rand(3, 4)                   #产生(0,1)的数
print('rand产生的随机数:\n', data_2)
Sum_total = data_2.sum()                        #整个矩阵求和
Sum_row = data_2.sum(axis=1)                    #行求和
Sum_col = data_2.sum(axis=0)                    #列求和
mean = np.mean(data_2, axis=0)                  #求平均值
std = np.std(data_2, axis=0)                    #标准差
var = std**2
print('data_2求和为:\n', Sum_col/3)
print('平均值为:\n', mean)
print('方差为:\n', var)
numpy_trans_data_2 = (data_2 - mean)/std
print('使用numpy进行标准化:\n', numpy_trans_data_2)
```

运行结果如下所示。

```
rand产生的随机数:
[[0.09626228 0.70380719 0.4384494  0.76627502]
 [0.0846278  0.26868631 0.36312196 0.61100421]
```

```
    [0.77212691 0.9201536  0.84983061 0.30152041]]
data_2 求和为:
[0.31767233 0.63088237 0.55046732 0.55959988]
平均值为:
[0.31767233 0.63088237 0.55046732 0.55959988]
方差为:
[0.10328704 0.07339395 0.04575489 0.03732068]
使用 numpy 进行标准化:
[[-0.68892892  0.26918154 -0.52368333  1.06982681]
 [-0.72513019 -1.33694511 -0.87583879  0.26608781]
 [ 1.41405911  1.06776358  1.39952212 -1.33591462]]
```

还可以使用开源工具包 sklearn 进行标准化,观察两种方法标准化后的结果是否相同。

```
import numpy as np
from sklearn.preprocessing import StandardScaler
#通过 sklearn 内置标准化函数实现标准化
data2_sd = StandardScaler().fit_transform(data_2)
#对上述 data2 使用 StandardScaler 进行标准化
print('使用 sklearn 工具包进行标准化:\n',data2_sd)
data_np1 = StandardScaler().fit_transform(np.array([1,1,1,1,0,0,0,0]).reshape(-1,1))
#对数组[1,1,1,1,0,0,0,0]进行标准化
print('对任意数组进行标准化:\n',np.array([1,1,1,1,0,0,0,0]).reshape(-1,1),'\n 标准化后:\n', data_np1)
#调用标准化方法,做矩阵形状变化,原先1行8列,现在只按列显示,每列1个数
data_np2 = StandardScaler().fit_transform(np.array([1,0,0,0,0,0,0,0]).reshape(-1,1))
#对数组[1,0,0,0,0,0,0,0]进行标准化
print('对任意数组进行标准化:\n',np.array([1,0,0,0,0,0,0,0]).reshape(-1,1),'\n 标准化后:\n', data_np2)
```

运行结果如下所示。

```
使用 sklearn 工具包进行标准化:
[[-0.68892892  0.26918154 -0.52368333  1.06982681]
 [-0.72513019 -1.33694511 -0.87583879  0.26608781]
 [ 1.41405911  1.06776358  1.39952212 -1.33591462]]
对任意数组进行标准化:
[[1]
 [1]
 [1]
```

[1]
[0]
[0]
[0]
[0]]

标准化后:

[[1.]
 [1.]
 [1.]
 [1.]
 [-1.]
 [-1.]
 [-1.]
 [-1.]]

对任意数组进行标准化:

[[1]
 [0]
 [0]
 [0]
 [0]
 [0]
 [0]
 [0]]

标准化后:

[[2.64575131]
 [-0.37796447]
 [-0.37796447]
 [-0.37796447]
 [-0.37796447]
 [-0.37796447]
 [-0.37796447]
 [-0.37796447]]

2. 归一化

归一化的目的是把数据变成 0~1 的小数。主要是为了方便数据处理,把数据映射到 0~1 范围,更加便捷快速。如附图 A-3 所示可简单看作模型的训练过程。

如附图 A-3(a)所示,没做数据归一化,走的路径更加曲折;如附图 A-3(b)所示,做了数据归一化,明显路径更加平缓,收敛速度更快。下面学习两种归一化方法:MinMax 和非线性归一化。

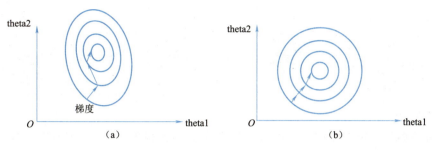

附图 A-3 归一化对比

1）MinMax 归一化

归一化是将特征缩放至特定区间，即给定的最小值和最大值之间，也可以将每个特征的最大绝对值转换至单位大小。这种方法是对原始数据的线性变换，将数据归一到[0,1]。

缺陷：

- 当有新数据加入时，可能导致 max 和 min 的变化，需要重新定义。
- 对离群值非常敏感。

下面对一个 4×2 数组进行归一化。

```
#通过 sklearn 内置归一化函数实现归一化
from sklearn.preprocessing import MinMaxScaler
#建立一组数据
data = [[-1, 2], [-0.5, 6], [0, 10], [1, 18]]
#实例化归一化对象
scaler = MinMaxScaler(feature_range = [0,1])
# fit_transform 一步导出结果
result = scaler.fit_transform(data)
result
```

运行结果如下所示。

```
array([[0. , 0. ],
       [0.25, 0.25],
       [0.5 , 0.5 ],
       [1. , 1. ]])
#通过 numpy 实现归一化
import numpy as np
X = np.array([[-1, 2], [-0.5, 6], [0, 10], [1, 18]])
X_nor = (X - X.min(axis = 0)) / (X.max(axis = 0) - X.min(axis = 0))
X_nor
```

运行结果如下所示。

```
array([[0.  , 0.  ],
       [0.25, 0.25],
       [0.5 , 0.5 ],
       [1.  , 1.  ]])
```

2）非线性归一化

经常用在数据分化比较大的场景，有些数值很大，有些很小。通过一些数学函数，将原始值进行映射。

3）标准化与归一化的比较

相同点：

(1) 都能取消由于量纲不同引起的误差。

(2) 都是一种线性变换，对向量 X 按照比例压缩再进行平移。

不同点：

(1) 目的不同，归一化是为了消除纲量压缩到[0,1]区间；标准化只是调整特征整体的分布。

(2) 归一化与最大、最小值有关；标准化与均值、标准差有关。

(3) 归一化输出在[0,1]；标准化无限制。

4）选择标准化还是归一化

(1) 如果对输出结果范围有要求，用归一化。

(2) 如果数据较为稳定，不存在极端的最大、最小值，用归一化。

(3) 如果数据存在异常值和较多噪声，用标准化，可以间接通过中心化避免异常值和极端值的影响。

A.2.2 特征离散化

将连续型特征离散化更容易理解，大大降低异常值的影响，降低过拟合。一般情况下离散化方法没有最佳选择，主要取决于特征的含义和使用的算法。常用方法如下：

(1) 根据数值范围分组，如分位数切分。

(2) 根据频率分组。

(3) k-means 聚类分组。

二值化属于按数值范围分组，将数值型数据进行阈值化得到布尔型数据。其本质是设定一个阈值，大于阈值的赋值为 1，小于或等于阈值的赋值为 0。

自定义数据范围分组：

```
from sklearn.preprocessing import StandardScaler, MinMaxScaler, RobustScaler, MaxAbsScaler
import numpy as np
import pandas as pd
```

```
np.set_printoptions(suppress=True)
datas = pd.DataFrame([-100,-1000,1295.,25.,19000.,5.,1.,300.],columns=['datas'])
bins = [-2000,0,2000,20000]
#这个数要自己定
group = ['小于0','2000以下','大于2000']
#标签名字
datas['bin_labels'] = pd.cut(datas['datas'],bins,labels=group)
#打标签
qt_list = [0,.25,.5,.75,1.]
#找出5个切分点
quantiles = datas['datas'].quantile(quantile_list)
#找到具体切分的数字
qt_labels = ['0-25Q','25-50Q','50-75Q','75-100Q']
#标签值
datas['dataslabels'] = pd.qcut(datas['datas'],q=qt_list,labels=qt_labels)
#打标签分组
datas
```

运行结果如下所示。

	datas	bin_labels	dataslabels
0	-100.0	小于0	0-25Q
1	-1000.0	小于0	0-25Q
2	1295.0	2000以下	75-100Q
3	25.0	2000以下	50-75Q
4	19000.0	大于2000	75-100Q
5	5.0	2000以下	25-50Q
6	1.0	2000以下	25-50Q
7	300.0	2000以下	50-75Q

A.2.3 分类特征编码

实际数据中,经常能够遇到某些特征是以有限且固定的取值来描述的,就是统计中常说的分类变量或名义变量。而依据变量之间是否存在大小关系又分为有序分类变量(如大、中、小)和无序分类变量(如红、黄、蓝)。需要对这类变量进行重新编码。

1. 标签编码(LabelEncoder)

标签编码是对不连续的数字或者文本进行编号,编码值介于0和(标签取值的种类数-1)之间的标签。例如:

- 判断橘子甜不甜,类别有2个["甜","不甜"]。
- 类别标签编码为[0,1]。

2. 独热编码（OneHotEncoder）

独热编码解决了分类器不好处理属性数据的问题，在一定程度上也起到了扩充特征的作用。它的值只有 0 和 1，不同类型存储在垂直空间。例如：

- 性别特征为["男","女"]，男 = >10，女 = >01。
- 地区特征为["杭州","上海","深圳"]，杭州 = >100，上海 = >010，深圳 = >001。
- 工作特征为["演员","厨师","公务员","工程师","律师"]，演员 = >10000，厨师 = >01000，公务员 = >00100，工程师 = >00010，律师 = >00001。

样本是["女","杭州","工程师"]时，独热编码的结果为[0,1,1,0,0,0,0,0,1,0]。

当特征数量很多时，特征空间会变得非常大。在这种情况下，一般可以用 PCA 减少维度。

```python
import numpy as np
from sklearn.preprocessing import LabelEncoder,OneHotEncoder
print('"是","不是","是","不是","不是" 的 LabelEncoder:',LabelEncoder().fit_transform(np.array(["是","不是","是","不是","不是"]).reshape(-1,1)))
print('"Low","Medium","Low","High","Medium"的 LabelEncoder:',LabelEncoder().fit_transform(np.array(["Low","Medium","Low","High","Medium"]).reshape(-1,1)))
print('"Red","Yellow","Blue","Green" 的 LabelEncoder:', LabelEncoder().fit_transform(np.array(["Red","Yellow", "Blue","Green"]).reshape(-1,1)))
print('[["Red","big",0],["blue","small",1],["Red","big",2]]的 OneHot 编码:\n',OneHotEncoder().fit_transform(np.array([["Red","big",0],["blue","small",1], ["Red","big",2]])).toarray())
```

运行结果如下所示。

```
"是","不是","是","不是","不是" 的 LabelEncoder: [1 0 1 0 0]
"Low","Medium","Low","High","Medium"的 LabelEncoder: [1 2 1 0 2]
"Red","Yellow","Blue","Green"的 LabelEncoder: [2 3 0 1]
"Red","Yellow","Blue","Green"的 LabelEncoder: [2 3 0 1]
[["Red","big",0],["blue","small",1],["Red","big",2]]的 OneHot 编码:
[[1. 0. 1. 0. 1. 0. 0.]
 [0. 1. 0. 1. 0. 1. 0.]
 [1. 0. 1. 0. 0. 0. 1.]]
```

A.3 特征选择

如果用一个量值表示一个特征与样本是否有关，让与样本相关度高的特征值比相关度低的大。

A.3.1 过滤式选择(Relief)

使用发散性或相关性指标对各个特征进行评分,选择分数大于阈值的特征或者选择前 k 个分数最大的特征。具体来说,计算每个特征的发散性,移除发散性小于阈值的特征/选择前 k 个分数最大的特征;计算每个特征与标签的相关性,移除相关性小于阈值的特征/选择前 k 个分数最大的特征。

1. 方差选择法

使用方差作为特征评分标准,先计算各个特征的方差,如果某个特征的取值差异不大,通常认为该特征对区分样本的贡献度不大,因此在构造特征过程中去掉方差小于阈值的特征。

```
#方差选择法,返回值为特征选择后的数据
from sklearn.feature_selection import VarianceThreshold
#生成数据
data = [[-1,2],[-0.5,6],[0,10],[1,18]]
#参数 threshold 为方差的阈值
VarianceThreshold(threshold=3).fit_transform(data)
```

运行结果如下所示。

```
array([[ 2.],
       [ 6.],
       [10.],
       [18.]])
```

2. 卡方检验(分类问题)

使用统计量卡方检验作为特征评分标准。卡方值越大,说明两个变量越不可能是独立无关的,两个变量的相关程度也就越高。对于特征变量 $x_1, x_2, \cdots, x_n$,以及分类变量 y。只需要计算 (x_1, y)、$(x_2, y) \cdots (x_n, y)$ 的卡方值,并按照从大到小将特征排序,然后选择阈值,大于阈值的特征留下,小于阈值的特征删除。

```
#卡方检验使用方法示例
#载入数据
from sklearn.datasets import load_iris
iris = load_iris()
#特征选择
from sklearn.feature_selection import SelectKBest
#移除 topK 外的特征
from sklearn.feature_selection import chi2
#卡方检验
print('原始数据维度:')
```

```
print(iris.data.shape)
skb = SelectKBest(chi2,k=2)
new_data = skb.fit_transform(iris.data,iris.target)
print('特征选择后维度:')
print(new_data.shape)
```

运行结果如下所示。

```
原始数据维度:
(150,4)
特征选择后维度:
(150,2)
```

3. 相关系数法(回归问题)

使用皮尔森相关系数作为特征评分标准,相关系数绝对值越大,相关性越强(相关系数越接近于 1 或 −1 时,相关性越强;相关系数越接近于 0 时,相关性越弱)。

- 皮尔森相关系数法能够衡量线性相关的特征集。
- 函数返回值:保留 topK 特征,移除 topK 外特征。
- 第一个参数:皮尔森相关系数,输入特征矩阵和目标向量,输出二元组(评分,P),二数组第 i 项为第 i 个特征的评分和 p 值。
- 第二个参数:topK 个数。

```
#皮尔森相关系数使用方法示例
#载入数据
from sklearn.datasets import load_iris
irisdata = load_iris()
#特征选择(pearson 相关系数法)
from sklearn.feature_selection import SelectKBest
#移除 topK 外的特征
from scipy.stats import pearsonr
#计算皮尔森相关系数
from numpy import array
print('原始数据维度:')
print(iris.data.shape)
skb = SelectKBest(lambda X, Y: tuple(map(tuple,
    array(list(map(lambda x:pearsonr(x, Y), X.T))).T)), k=3)
skb = skb.fit_transform(irisdata.data, irisdata.target)
print('特征选择后维度:')
print(new_data.shape)
```

运行结果如下所示。

原始数据维度：
(150,4)
特征选择后维度：
(150,2)

A.3.2 包裹式选择(Wrapper)

通过最终学习器得到的结果来决定特征选择,时间开销大,需要采用适当停止策略。随机选择特征子集,用交叉验证计算误差,把误差更小或者误差近似但特征数更少的特征子集保留下来。

递归消除特征法:如附图 A-4 所示,递归消除特征法使用一个基模型进行多轮训练,每轮训练后,消除若干权值系数的特征,再基于新的特征集进行下一轮训练。

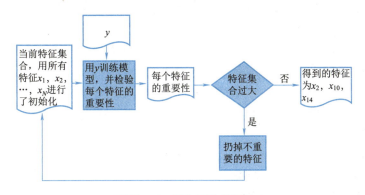

附图 A-4　递归消除特征法

A.3.3 嵌入式选择(Embedded)

嵌入式选择法使用机器学习模型进行特征选择。特征选择过程与学习器相关,特征选择过程与学习器训练过程融合,在学习器训练过程中自动进行特征选择。

基于惩罚项的特征选择法:正则化项越大,模型越简单,当正则化项增大到一定程度时,所有特征系数都会趋于 0,在这个过程中,会有一部分特征的系数先变成 0。也实现了特征选择过程。

使用 $L1$ 范数的正则化可以减少非零解的数量,就间接地进行了特征选择的过程。$L2$ 正则化对于特征选择来说更加有用:表示能力强的特征对应的系数为非零。

```
#生成数据代码示例
from sklearn.datasets import make_classification
X, y = make_classification(n_samples=1000,       #样本个数
                           n_features=25,        #特征个数
                           n_informative=3,      #有效特征个数
```

```
                        n_redundant = 2,              #冗余特征个数
                        n_repeated = 0,               #重复特征个数
                        n_classes = 8,                #样本类别
                        n_clusters_per_class = 1,     #簇的个数
                        random_state = 0)
```

```
#特征选择代码示例
from sklearn.linear_model import LogisticRegression
#调用 sklearn 中的逻辑回归模型结合 feature_selection 进行特征选择
lr1 = LogisticRegression(penalty = "l1",C = 0.1,solver = "liblinear")
lr2 = LogisticRegression(penalty = "l2",C = 0.1,solver = "liblinear")
from sklearn.feature_selection import SelectFromModel
X_L1 = SelectFromModel(estimator = lr1).fit_transform(X,y)
X_L2 = SelectFromModel(estimator = lr2).fit_transform(X,y)
```

```
#数据划分代码示例
from sklearn.model_selection import train_test_split
x_a_train,x_a_test,y_a_train,y_a_test = train_test_split(
X,y,random_state = 33,test_size = 0.25)
#原始数据
x_b_train,x_b_test,y_b_train,y_b_test = train_test_split(
X_L1,y,random_state = 33,test_size = 0.25)
#使用 L1 正则化做了特征选择后的数据
x_c_train,x_c_test,y_c_train,y_c_test = train_test_split(
X_L2,y,random_state = 33,test_size = 0.25)
#使用 L2 正则化做了特征选择后的数据
```

```
#结果比较
from sklearn.svm import SVC
#调用 sklearn 中的 svm 分类模型
svc1 = SVC().fit(x_a_train,y_a_train)
#不做特征选择的分类精确度
print(svc1.score(x_a_test,y_a_test))
svc2 = SVC().fit(x_b_train,y_b_train)
#使用 L1 正则化进行特征选择后的分类精确度
print(svc2.score(x_b_test,y_b_test))
svc3 = SVC().fit(x_c_train,y_c_train)
#使用 L2 正则化进行特征选择后的分类精确度
print(svc3.score(x_c_test,y_c_test))
```

运行结果如下所示。

```
0.764
0.752
0.856
```

A.4 特征降维

在实际问题中,有时会遇到样本的特征数量比较多,但是有些特征对模型训练可能并没有贡献,所以在训练之前一般需要对特征进行降维。特征降维以达到特征空间维度的变化,通过适当变换把已有样本的 D 个特征转换成 $d(d<D)$ 个新特征。

特征降维的目的:

(1)降低特征空间的维度,使后续的模型设计在计算上更容易实现。

(2)消除原有特征之间的相关度,减少数据信息的冗余。

特征降维的常用方法:

(1)PCA(Principal component analysis,主成分分析)。

(2)LDA(Linear Discriminant Analysis,线性判别分析)。

特征提取和特征选择的比较。

相同点:特征提取与特征选择都是数据降维技术。

本质区别:特征选择能够保持数据的原始特征,最终得到的降维数据其实是原数据集的一个子集;而特征提取会通过数据转换或数据映射得到一个新的特征空间,凭借人眼观察可能看不出新数据集与原始数据集之间的关联。

A.4.1 PCA

PCA 是特别常用的数据降维方法,也是一种无监督降维方法。

基本思想:找出原始数据中最主要的信息代替原始数据,使得在损失少部分原始信息的基础上极大地降低原始数据的维度。具体地从一组特征中计算出一组按照重要性从大到小依次排列的新特征,它们是原有特征的线性组合,并且新特征之间不相关,我们计算出原有特征在新特征上的映射值即为新的降维后的样本特征。

目标:用一组正交向量对原特征进行变换得到新特征,新特征是原有特征的线性组合。

PCA 基本流程:

(1)输入数据。

(2)数据中心化。

(3)计算协方差矩阵。

(4)对协方差矩阵进行特征值分解,选择前 k 个特征值所对应的特征向量,构成投影矩阵。

(5)将原样本投影到新的特征空间,得到新的降维后的样本特征。

PCA 举例:

如附图 A-5 所示,绘制随机的三维点。

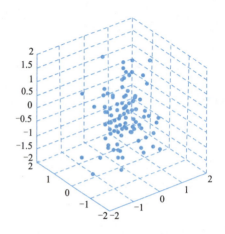

附图 A-5　随机的三维点

如附图 A-6 所示,选取特征值最大的两个特征向量进行投影,绘制其投影平面。

如附图 A-7 所示,绘制出三维到二维的投影垂线以示意这个过程的原理。

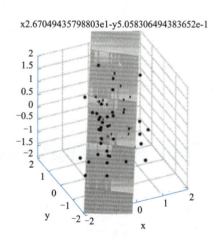

附图 A-6　三维到二维投影面

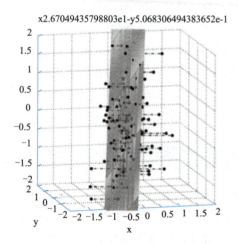

附图 A-7　三维到二维的投影过程

如附图 A-8 所示,最后投影得到的二维点在三维坐标中的位置,可以看到,这些点都位于一个平面上。

如附图 A-9 所示,二维点到一维点的投影线,所选的投影基为特征值最大的特征向量。

如附图 A-10 所示,绘制了二维到一维的投影垂线。

如附图 A-11 所示,二维降为一维的点。整个过程演示了一个三维特征逐渐降为一维的过程,特征有所损失,但是仍能被区分。

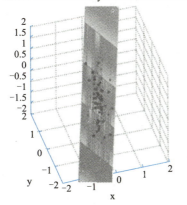

附图 A-8　三维到二维的投影点

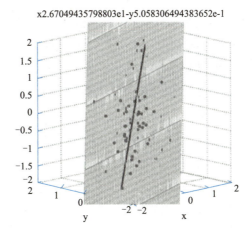

附图 A-9　二维到一维的投影线

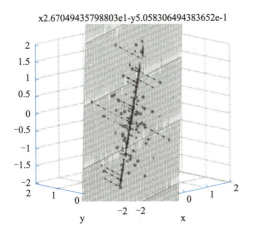

附图 A-10　二维到一维的投影垂线

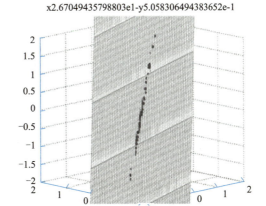

附图 A-11　二维到一维的投影点

下面使用 NumPy 来实现 PCA 降维过程。

```
import numpy as np
def pca(X,n):
    X1 = np.mean(X,axis=0)                          #数据中心化
    data = X - X1
    C = np.dot(data.T, data) / (n-1)                #计算协方差矩阵
    eigen_vals, eigen_vecs = np.linalg.eig(C)       #计算特征值和特征向量
    sorted_index = np.argsort(-eigen_vals)          #对特征值从大到小排序
    topn_index = sorted_index[:n]                   #取最大的n个特征索引
    topn_vects = eigen_vecs[:,topn_index]           #最大的n个特征值对应的特征向量
    X_pca = np.dot(data, topn_vects)                #将数据映射降维,投影到低维空间
    return X_pca
```

```
    x = np.array([[-1,2,66,-1],[-2,6,58,-1],[-3,8,45,-2],[1,9,36,1],[2,10,62,1],[3,5,83,2]])          #导入数据,维度为4
    print('降维前:\n',x)
    print('降维后:\n',pca(x,2))
```

运行结果如下所示。

```
降维前:
[[ -1   2  66  -1]
 [ -2   6  58  -1]
 [ -3   8  45  -2]
 [  1   9  36   1]
 [  2  10  62   1]
 [  3   5  83   2]]
降维后:
[[   7.96504337   -4.12166867]
 [  -0.43650137   -2.07052079]
 [ -13.63653266   -1.86686164]
 [ -22.28361821    2.32219188]
 [   3.47849303    3.95193502]
 [  24.91311585    1.78492421]]
```

下面使用 sklearn 内置的 PCA 方法对四维特征的鸢尾花数据集进行二维可视化分布显示。

```
import matplotlib.pyplot as plt
#加载 matplotlib 用于数据的可视化
from sklearn.decomposition import PCA
#加载 PCA 算法包
from sklearn.datasets import load_iris
#通过 Python 的 sklearn 库实现鸢尾花数据的特征提取,数据本身是四维的降维后变成二维,可以在平面中画出样本点的分布
data = load_iris()
y = data.target
x = data.data
pca = PCA(n_components = 2)
#加载 PCA 算法,设置降维后主成分数目为 2
reduced_x = pca.fit_transform(x)
#对样本进行降维
red_x,red_y = [],[]
blue_x,blue_y = [],[]
```

```
green_x,green_y = [],[]
for i in range(len(reduced_x)):
if y[i] = =0:
  red_x. append(reduced_x[i][0])
  red_y. append(reduced_x[i][1])
elif y[i] = =1:
  blue_x. append(reduced_x[i][0])
  blue_y. append(reduced_x[i][1])
else:
  green_x. append(reduced_x[i][0])
  green_y. append(reduced_x[i][1])
#可视化
plt. scatter(red_x,red_y,c ='r',marker ='x')
plt. scatter(blue_x,blue_y,c ='b',marker ='D')
plt. scatter(green_x,green_y,c ='g',marker ='.')
plt. show()
```

运行结果如下所示。

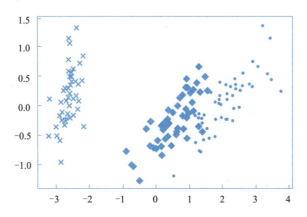

A.4.2 LDA

LDA(Linear Discriminant Analysis,线性判别分析)与 PCA 不同的是,LDA 需要利用样本的类别信息,是一种有监督降维方法。

1. 基本思想

LDA 同样基于投影矩阵对样本进行降维,要将数据投影到低维空间,并希望投影后每一种类别数据的投影点尽可能接近,而不同类别数据的类别中心之间的距离尽可能大。即投影后,类内方差最小,类间方差最大,如附图 A-12 所示。

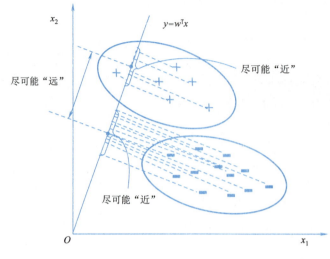

附图 A-12　LDA

2. LDA 流程

输入:样本数据。

输出:降维后的样本集。

(1)计算类内散度矩阵和类间散度矩阵。

(2)计算矩阵。

(3)对矩阵进行特征分解,得到矩阵值对应的特征向量。

(4)取出最大的特征值对应的特征向量 $,将其标准化后组成投影矩阵。

(5)利用投影矩阵对各个样本向量进行转化,得到新的降维后的样本集。

下面调用 sklearn 中的 LDA 方法。

```
import matplotlib.pyplot as plt
#用于可视化图表
import numpy as np
#用于做科学计算
from sklearn import datasets
#用于加载数据或生成数据等
from sklearn.discriminant_analysis import LinearDiscriminantAnalysis
#导入 LDA 库
iris = datasets.load_iris()
iris_X = iris.data
#获得数据集中的输入
iris_y = iris.target
#获得数据集中的输出,即标签(也就是类别)
model_lda = LinearDiscriminantAnalysis(n_components=2)
```

```
#载入 LDA 模型
X_lda =model_lda.fit(iris_X, iris_y).transform(iris_X)
print("降维后各主成分的方差值与总方差之比:", model_lda.explained_variance_ratio_)
print("降维前样本数量和维度:",iris_X.shape)
print("降维后样本数量和维度:",X_lda.shape)
fig = plt.figure(figsize = (10,8))
plt.scatter(X_lda[:, 0], X_lda[:, 1],marker ='o',c = iris_y)
plt.show()
```

运行结果如下所示。

```
降维后各主成分的方差值与总方差之比: [0.9912126 0.0087874]
降维前样本数量和维度: (150, 4)
降维后样本数量和维度: (150, 2)
```

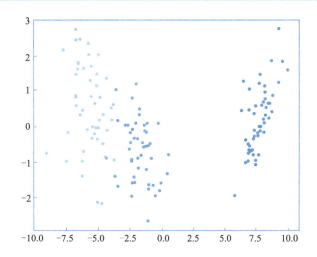

3. PCA 与 LDA 的比较

相同点：

(1)二者都可用于降维。

(2)二者降维时均采用了矩阵的特征分解思想。

(3)二者都假设被降维的样本数据服从高斯分布。

不同点：

(1)LDA 降维利用了样本的类别信息，属于一种有监督学习方法，而 PCA 是无监督的。

(2)LDA 降维的核心思想是投影后类内方差最小，类间方差最大，选择的是分类性能最好的方向进行投影，而 PCA 降维的核心思想是投影后的样本点在投影超平面上尽量分开。

(3)LDA 降维后的维度有限制，小于类别总数，而 PCA 没有这个限制。

参考文献

[1] 周志华. 机器学习[M]. 北京:清华大学出版社,2016.
[2] 李航. 统计学习方法[M]. 北京:清华大学出版社,2012.
[3] 刘鹏. 人工智能应用技术基础[M]. 西安:西安电子科技大学出版社,2020.
[4] 周苏. 人工智能通识教程[M]. 北京:清华大学出版社,2020.
[5] 陈封能. 数据挖掘导论[M]. 范明,范宏建,译. 北京:人民邮电出版社,2006.